Photoshop CC 2019
效率自学教程

创锐设计　编著

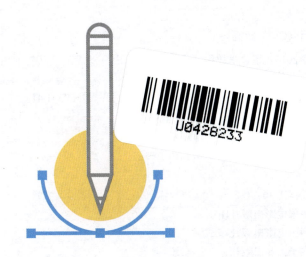

电子工业出版社
Publishing House of Electronics Industry
北京·BEIJING

内 容 简 介

Photoshop 是一款功能强大、使用范围广泛的图形图像处理软件,是平面设计师和平面设计爱好者不可或缺的常用工具之一。本书基于 Photoshop CC 2019 软件,结合作者多年的图像处理和实战经验,以基本知识带动实例的学习模式,全面讲解软件的使用方法和各项功能。读者通过对本书的学习,可提高图形图像的处理水平。

全书共分 15 章,包括:快速了解 Photoshop,Photoshop 的基本操作,图像选区的基本应用,图层的综合应用,蒙版的应用,掌握通道的使用方法,图像的绘制和修饰,调整图像的颜色,路径的创建和编辑,文字的编辑和应用,滤镜的应用,动作、批处理和存储 Web 图像,创意海报的制作,婚纱照片的处理,以及网店装修设计。

本书配有多媒体教学资料,其中收录了本书实例在制作过程中用到的素材及源文件,以及赠送的 Photoshop 教学视频。本书既适合学习 Photoshop 的初、中级读者和图像创意设计爱好者,也可作为社会培训学校、大中专院校相关专业的教学参考书或上机实践指导用书。

未经许可,不得以任何方式复制或抄袭本书之部分或全部内容。
版权所有,侵权必究。

图书在版编目(CIP)数据

Photoshop CC 2019效率自学教程 / 创锐设计编著. —北京:电子工业出版社,2019.4
ISBN 978-7-121-35477-9

Ⅰ. ①P… Ⅱ. ①创… Ⅲ. ①图象处理软件—教材Ⅳ. ①TP391.413

中国版本图书馆CIP数据核字(2018)第256791号

责任编辑:孔祥飞
印　　刷:中国电影出版社印刷厂
装　　订:中国电影出版社印刷厂
出版发行:电子工业出版社
　　　　　北京市海淀区万寿路 173 信箱　邮编:100036
开　　本:787×1092　1/16　印张:16.5　字数:466 千字
版　　次:2019 年 4 月第 1 版
印　　次:2019 年 10 月第 3 次印刷
定　　价:99.00 元

凡所购买电子工业出版社图书有缺损问题,请向购买书店调换。若书店售缺,请与本社发行部联系,联系及邮购电话:(010)88254888,88258888。
质量投诉请发邮件至 zlts@phei.com.cn,盗版侵权举报请发邮件至 dbqq@phei.com.cn。
本书咨询联系方式:010-51260888-819,faq@phei.com.cn。

前言

软件简介

　　Photoshop 是一款专业的图形图像处理软件，具有功能强大、设计人性化、插件丰富、兼容性好等特点，被广泛应用于平面设计、数码照片处理、印前工艺、网页设计等领域。Photoshop CC 2019 作为当前最新版，通过更加直观的用户体验、更大的编辑自由度，大幅地提高了工作效率，使用户能更轻松地使用其强大的图像编辑、图形绘制等功能。

本书内容编排

　　本书结合作者多年的图像处理的实战经验，从初学者的角度出发，步步深入地讲解了 Photoshop 的使用方法和操作技巧。全书分 15 章，涵盖了快速了解 Photoshop，Photoshop 的基本操作，图像选区的基本应用，图层的综合应用，蒙版的应用，掌握通道的使用方法，图像的绘制和修饰，调整图像的颜色，路径的创建和编辑，文字的编辑和应用，滤镜的应用，动作、批处理和存储 Web 图像等。此外，为了巩固基本知识，还专门设计了创意海报的制作、婚纱照片的处理、网店装修设计这 3 个典型实例章节，使读者真正做到学以致用。

本书主要特色

典型小实例，操作性强

　　本书为了全面解析各项工具的功能和使用方法，在对每个知识点进行讲解的时候，都选用了比较简短的小实例进行展示。读者可以通过书中提供的详细步骤一步步地完成实例操作，掌握软件功能的具体操作技巧。

全程图解，提高阅读兴趣

　　本书全程图解剖析，版面整洁、美观大方，利用图示对重点知识进行图注说明，让读者能够轻松阅读，提升对学习 Photoshop 软件的兴趣。

技巧提示，扩展所学

　　在本书实例操作过程中，还将经常遇到的一些重要、难点以小提示的方式单独提炼出来，拓展读者的知识面。

　　本书内容力求严谨细致，但由于作者水平有限，书中难免存在疏漏和不妥之处，恳请广大读者批评、指正，让我们共同对书中的内容一起进行探讨，实现共同进步。

目录

第1章 快速了解 Photoshop 1
1.1 图像基础知识 1
1.1.1 像素和分辨率 1
1.1.2 位图和矢量图 1
1.1.3 图像文件的常用格式 2
1.2 Photoshop 的工作界面 2
1.2.1 认识 Photoshop 的工作界面 2
1.2.2 全新的菜单栏 3
1.2.3 认识工具箱 4
1.2.4 认识面板 5
1.2.5 Photoshop CC 2019 新增功能 6
1.3 创建个性化工作区 7
专家课堂 10

第2章 Photoshop 的基本操作 12
2.1 文件的基本操作 12
2.1.1 新建文档 12
2.1.2 打开指定的文件 12
2.1.3 存储和关闭文件 13
2.2 图像的查看 14
2.2.1 在不同的屏幕模式下查看图像 14
2.2.2 同时查看多个图像 15
2.2.3 使用导航器查看图像 16
2.3 图像的基本编辑操作 17
2.3.1 剪切、复制与粘贴图像 17
2.3.2 自由变换图像 18
2.3.3 调整图像的形状 20
2.4 调整图像 21
2.4.1 通过"图像大小"命令设置图像大小 21
2.4.2 通过"画布大小"命令设置画布范围 22
2.4.3 通过"旋转图像"命令矫正倾斜的图像 23
2.4.4 使用"裁剪工具"调整图像构图 24
2.4.5 使用"透视裁剪工具"校正透视效果 24
2.5 制作立可拍效果 25
专家课堂 28

第 3 章　图像选区的基本应用 30

3.1　选框工具组 30
3.1.1　使用"矩形选框工具"为图像添加边框 30
3.1.2　使用"椭圆选框工具"突出主体对象 31
3.1.3　使用"单行或单列选框工具"制作信纸 32

3.2　套索工具组 34
3.2.1　使用"套索工具"创建可爱双胞胎效果 34
3.2.2　使用"多边形套索工具"选择并抠取图像 34
3.2.3　使用"磁性套索工具"创建选区 35

3.3　魔棒工具组 36
3.3.1　使用"快速选择工具"添加剪影人像 37
3.3.2　使用"魔棒工具"快速选择图像 38

3.4　图像选区的调整 39
3.4.1　反选和取消选择 39
3.4.2　使用"变换选区"命令调整选区范围 40
3.4.3　应用"色彩范围"创建选区后拼合图像 41
3.4.4　使用"羽化选区"命令柔化选区边缘 43

3.5　选区的应用 44
3.5.1　自由变换选区图像 44
3.5.2　复制和粘贴选区图像 45
3.5.3　填充和描边选区 46

3.6　选取图像制作音乐节海报 47

专家课堂 51

第 4 章　图层的综合应用 54

4.1　图层的基础知识 54
4.1.1　图层的分类 54
4.1.2　筛选图层 55
4.1.3　创建新图层/图层组 55
4.1.4　复制图层 56
4.1.5　重命名图层/图层组 57

4.2　图层组的编辑和应用 58
4.2.1　图层组中图层的移入和移出 58
4.2.2　合并图层组 58

4.3　编辑图层 59
4.3.1　合并图层 59
4.3.2　盖印图层 61
4.3.3　图层的自动对齐 61

4.4　图层的混合模式和样式 62
4.4.1　使用"图层混合模式"制作唯美画面效果 62
4.4.2　通过"样式"面板快速添加图层样式 64
4.4.3　通过"图层样式"对话框给图像添加样式 64

	4.4.4	复制和粘贴图层样式	66
4.5		调整图层设置艺术化图像效果	67
	专家课堂		71

第5章 蒙版的应用 73

5.1		认识蒙版	73
	5.1.1	"属性"面板中的蒙版选项	73
	5.1.2	蒙版的分类	73
5.2		蒙版的基本操作	74
	5.2.1	创建蒙版	75
	5.2.2	应用蒙版	79
	5.2.3	停用/启用蒙版	80
	5.2.4	复制蒙版	81
5.3		蒙版的高级应用	82
	5.3.1	设置"选择并遮住"来无缝拼接图片	82
	5.3.2	通过"颜色范围"自然融合图像	83
5.4		合成电影海报效果	84
	专家课堂		91

第6章 掌握通道的使用方法 93

6.1		了解通道	93
	6.1.1	认识"通道"面板	93
	6.1.2	通道的分类	93
6.2		通道的基本操作	94
	6.2.1	创建新通道	94
	6.2.2	复制和粘贴通道中的图像	95
	6.2.3	分离和合并通道	96
	6.2.4	载入通道选区	97
6.3		通过通道对图像进行调整	99
	6.3.1	使用"应用图像"命令混合通道图像	99
	6.3.2	使用"计算"命令混合通道打造复古照片	100
	6.3.3	使用"通道"制作水彩画效果	101
6.4		利用通道精细地抠取图像	103
	专家课堂		107

第7章 图像的绘制和修饰 109

7.1		图像绘制工具	109
	7.1.1	用"画笔工具"绘制气泡图像	109
	7.1.2	用"铅笔工具"绘制人物速写效果	110
	7.1.3	用"混合器画笔工具"制作手绘效果	111
7.2		颜色的填充	112
	7.2.1	使用"油漆桶工具"更换图像背景	112
	7.2.2	用"渐变工具"更改人物照片色调	113

7.3 修改图像 114
7.3.1 使用"橡皮擦工具"擦除图像 114
7.3.2 使用"背景橡皮擦工具"快速抠出人物图像 115
7.3.3 使用"魔术橡皮擦工具"替换图像天空 116

7.4 修复图像 117
7.4.1 使用"污点修复工具"修复人物面部瑕疵 117
7.4.2 使用"修复画笔工具"去除杂乱的电线 118
7.4.3 使用"修补工具"去除风景照片中的多余人物 119
7.4.4 使用"内容感知移动工具"快速仿制图像 120
7.4.5 使用"红眼工具"快速去除人像红眼 120

7.5 修饰图像 121
7.5.1 使用"模糊/锐化工具"增强画面效果 121
7.5.2 使用"涂抹工具"扭曲图像 122
7.5.3 使用"加深/减淡工具"增强对比效果 123
7.5.4 使用"海绵工具"去除背景色彩 123

7.6 修复图像设置更有层次的画面 124

专家课堂 127

第8章 调整图像的颜色 129

8.1 认识图像颜色模式 129
8.1.1 图像的颜色模式 129
8.1.2 颜色模式的转换 130

8.2 用自动调整命令调整图像 130
8.2.1 使用"自动色调"命令快速调整图像色调 130
8.2.2 使用"自动对比度"命令快速调整图像对比度 131
8.2.3 使用"自动颜色"命令快速调整图像颜色 131

8.3 图像明暗调整 132
8.3.1 使用"亮度/对比度"校正灰暗的图像 132
8.3.2 使用"色阶"调整风景图像 133
8.3.3 使用"曲线"打造柔美人物图像 133
8.3.4 使用"曝光度"校正图像曝光问题 134
8.3.5 使用"阴影/高光"还原图像暗部细节 135

8.4 调整图像色彩 135
8.4.1 使用"自然饱和度"加深颜色 136
8.4.2 使用"色相/饱和度"打造真彩图像 136
8.4.3 使用"色彩平衡"快速更改图像的色调 137
8.4.4 使用"图像滤镜"打造复古色调 138
8.4.5 使用"通道混合器"调出单色调图像效果 138
8.4.6 使用"替换颜色"改变汽车颜色 139
8.4.7 使用"可选颜色"打造金秋美景 140

8.5 调整图像色彩 141
8.5.1 使用"反相"创建艺术化图像 141

8.5.2　使用"色调分离"简化图像 141
　　8.5.3　使用"阈值"将彩色图像转换为黑白效果 142
8.6　制作柔美的写真效果 143
专家课堂 145

第 9 章　路径的创建和编辑 147

9.1　基本形状的绘制 147
　　9.1.1　使用"矩形工具"为图像添加边框 147
　　9.1.2　使用"椭圆工具"绘制彩虹图形 148
　　9.1.3　使用"圆角矩形工具"绘制复古行李牌 149
　　9.1.4　使用"多边形工具"绘制抽象几何背景 150
　　9.1.5　使用"直线工具"绘制箭头图形 151
9.2　绘制任意形状 152
　　9.2.1　使用"自定形状工具"为图像添加花纹 153
　　9.2.2　使用"钢笔工具"为画面添加人物剪影 153
　　9.2.3　使用"自由钢笔工具"快速绘制图形 154
9.3　路径的编辑 156
　　9.3.1　添加和删除锚点更改图像 156
　　9.3.2　将路径转换选区抠出精细的图像 157
　　9.3.3　使用"填充路径"为图像上色 158
　　9.3.4　使用"描边路径"为图像添加描边效果 159
9.4　制作简约风格的儿童插画 160
专家课堂 163

第 10 章　文字的编辑和应用 165

10.1　文字的创建 165
　　10.1.1　应用"横排/直排文字工具"添加文字 165
　　10.1.2　使用"横排/直排文字蒙版工具"创建文字选区 166
　　10.1.3　横排/直排文字的转换 167
10.2　字符和段落的调整 168
　　10.2.1　调整文字字体和字号 168
　　10.2.2　更改文本颜色 169
　　10.2.3　输入段落文字 170
　　10.2.4　指定文本对齐方式 171
10.3　文字变形 172
　　10.3.1　在路径上创建文字 172
　　10.3.2　通过样式设置变形 173
　　10.3.3　文字转换为路径进行变形 174
　　10.3.4　栅格化文字图层 176
10.4　制作杂志封面 177
专家课堂 180

第 11 章 滤镜的应用 181

11.1 认识滤镜库 181
11.1.1 了解"滤镜库"对话框 181
11.1.2 新建效果图层 182
11.1.3 删除效果图层 183

11.2 独立滤镜的使用 184
11.2.1 使用"自适应广角"滤镜校正图像 184
11.2.2 使用"镜头校正"滤镜为图像添加晕影 184
11.2.3 使用"液化"滤镜美化人物图像 185
11.2.4 使用"消失点"滤镜合成广告牌效果 186

11.3 其他滤镜的使用 188
11.3.1 使用"模糊"滤镜组制作微距拍摄效果 188
11.3.2 使用"模糊画廊"滤镜组模拟镜头景深效果 190
11.3.3 使用"锐化"滤镜组将图像变得清晰 190
11.3.4 使用"像素化"滤镜组为图像添加雪花效果 192
11.3.5 使用"渲染"滤镜组模拟光照效果 193

11.4 打造出独具意境的水墨画效果 194
专家课堂 197

第 12 章 动作、批处理和存储 Web 图像 199

12.1 认识"动作"面板 199
12.1.1 关于"动作"面板 199
12.1.2 应用预设动作为图像添加画框 199

12.2 创建和编辑动作 200
12.2.1 创建动作组 200
12.2.2 创建新动作 201
12.2.3 存储动作 202
12.2.4 载入并播放动作 203
12.2.5 复制动作组中的动作 204

12.3 文件的批处理 204
12.3.1 应用"批处理"命令批量转换颜色 204
12.3.2 使用 Photomerge 合成全景照片 205
12.3.3 使用"图像处理器"批量转换文件 207

12.4 存储为 Web 和设备所用格式 208
12.4.1 了解"存储为 Web 所用格式"对话框 208
12.4.2 应用"存储为 Web 所用格式"创建 JPEG 文件 208
12.4.3 保存 GIF 格式和使用颜色面板 209

专家课堂 211

第 13 章 创意海报的制作 213

13.1 制作海报背景 213
13.2 添加文字完善效果 219

第 14 章　婚纱照片的处理 223

14.1　修复照片中的瑕疵 223
14.2　调出唯美的照片色调 225
14.3　添加文字和其他元素 229

第 15 章　网店装修设计 232

15.1　网店首页设计 232
15.1.1　绘制店招与导航 233
15.1.2　欢迎模块的设计 234
15.1.3　商品陈列区设计 235
15.1.4　店铺服务区设计 239
15.1.5　其他元素的设计 241
15.2　商品详情页面设计 242
15.2.1　制作商品橱窗照 243
15.2.2　广告图设计 245
15.2.3　商品尺寸和规格的设计 247
15.2.4　制作宝贝细节展示区 250
15.2.5　制作店铺服务区 252

第 1 章 快速了解 Photoshop

Photoshop 是由美国 Adobe 公司开发的一款集图像编辑、图像合成、校色调色及色效制作于一体的图形图像处理软件。使用 Photoshop 处理图像之前，我们需要对该软件有一个全面的认识，了解其特性，知道其能做什么，才能够更加得心应手地完成作品的设计。

1.1 图像基础知识

在使用 Photoshop 开始处理图像之前，我们首先需要了解与图像处理相关的基础知识，熟悉图像处理中常用的相关术语。

1.1.1 像素和分辨率

像素和分辨率是影响图像质量的重要因素，在处理图像时像素和分辨率可控制图像的大小和清晰度，像素越高的图像其分辨率也就越高，图像就越清晰。

01 像素：像素是构成图像的最基本的单位，是一种虚拟的单位。图像就是由像素阵列的排列来实现其显示效果后的内容。图像的大小是可以变化的，在改变像素大小时，不仅会影响到屏幕上图像的大小，而且还会影响图像的品质及打印效果。

02 分辨率：分辨率是指单位长度内排列的像素数目，是衡量图像细节表现力的一个重要参数。通常分辨率被表示成一个方向上的像素数量，分辨率越高，可显示的像素点就越多，所得到的图像就越精细。

1.1.2 位图和矢量图

位图和矢量图是计算机图像中的两大概念，它被广泛应用到出版、印刷、互联网等各个方面，在 Photoshop 中所编辑的图像均为位图图像和矢量图像。

01 位图：位图也称为像素图像或点阵图像，它是由多个像素组成的，其中每一个像素都被分配一个特写位置和颜色值。位图可以模仿照片的真实效果，具有表现力强、层次多、细腻等特点。在处理位图图像时，编辑的是像素，而非对象或形态，所以将位图图像放大到一定倍数时，就可以看到一个个的像素点，在缩放位图图像时会产生失真效果。

02 矢量图：矢量图是由矢量定义的直线和曲线组成的，当图形的轮廓被画出后，被填充颜色，所以移动、缩放、更改颜色都不会影响到图形的品质。矢量图形与分辨率无关，可以将它缩放到任意大小或以任意分辨率在输出设置上打印出来时，都会保留原来清晰的图像效果。

1.1.3 图像文件的常用格式

文件格式是一种将文件以不同方式进行保存的方式，每一种文件格式都会有一个相应的扩展名来标识，扩展名可以帮助应用程序识别不同的文件格式。Photoshop 支持几十种文件格式，主要包括 PSD 格式、BMP 格式、TIFF 格式等。

01 PSD 格式：PSD 格式是 Photoshop 默认的文件格式，也是除大型文档格式（PSB）外支持所有 Photoshop 功能的唯一格式。PSD 格式可以将文件中创建的图层、通道、路径、蒙版完整地保存下来，因此将文件存储为 PSD 格式时，可以通过调整首选项设置来最大限度地提高文件兼容性，同时方便在其他程序中快速读取文件。

02 BMP 格式：BMP（Bitmap-File）格式是计算机上的标准图像格式，在 Windows 系统下运行的所有图像处理软件都支持 BMP 图像文件格式。BMP 格式采用了无损压缩方式，存储图像时将不会对图像质量产生影响，它支持 RGB、索引颜色、灰度和位图颜色模式。

03 JPEG 格式：JPEG 格式是一种有损图像压缩方式，其压缩比率通常在 10：1 到 40：1 之间，压缩级别越高，图像品质就越低，所占用的内存就越小。JPEG 格式支持 CMYK、RGB 和灰度颜色模式，但不支持图像有透明度，它可以保留 RGB 图像中的所有颜色信息，同时有选择地扔掉数据以压缩文件。

04 Photoshop EPS 格式：Photoshop EPS 是广泛地被矢量绘图软件和排版软件所接受的格式，将图像置入 CorelDRAW、Illustrator 或 Page Marker 等软件中，就可以将图像存储成 Photoshop EPS 格式的文件。若将图像存储为位图格式，在存储为 Photoshop EPS 格式时，还可将图像的白色像素设置为透明效果。

05 GIF 格式：图形交换格式（GIF）是在 World Wide Web 及其他联机服务上常用的一种图形交换格式，用于显示超文本标记语言（HTML）文档中的索引颜色图形和图像。GIF 是一种用 LZW 压缩的格式，保留了索引颜色图像的透明度，但不支持 Alpha 通道。

06 TIFF 格式：TIFF（Tagged Image File Format）格式是一种灵活的位图图像格式，几乎所有的绘画、图像编辑和页面排版应用程序都支持此格式。TIFF 格式支持具有 Alpha 通道的 CMYK、RGB、Lab、索引颜色和灰度图像，以及没有 Alpha 通道的位图模式图像。

07 PDF 格式：便携文档格式（PDF）是一种灵活的、跨平台的、跨应用程序的文件格式。基于 PostScript 成像模型，PDF 文件能够精确地显示并保留字体、页面版式以及矢量和位图图形等。另外，PDF 文件可以包含电子文档搜索和导航功能（如电子链接）。PDF 格式支持 16 位/通道的图像。

08 PNG 格式：便携网络图形格式（PNG）是作为 GIF 格式的无专利替代品开发的，用于无损压缩和在 Web 上显示图像。与 GIF 格式不同，PNG 格式支持 24 位图像并产生无锯齿状边缘的背景透明度，但是某些 Web 浏览器不支持 PNG 格式的图像。PNG 格式支持无 Alpha 通道的 RGB、索引颜色、灰度和位图模式的图像。

1.2 Photoshop 的工作界面

使用 Photoshop 处理图像前，需要掌握 Photoshop 的工作界面构成。与之前 Photoshop 版本相比，最新版本的 Photoshop 工作界面更加简单、整洁、大方。用户可以根据需要对界面中的工具箱、面板进行设置，以适合个人的使用习惯和设计需求。

1.2.1 认识 Photoshop 的工作界面

在计算机中安装 Photoshop 软件后，启动 Photoshop 应用程序，可以看到整个工作界面由菜单栏、工具选项栏、工具箱、图像窗口、面板和状态栏等几个重要的部分组成，如下图所示。

第 1 章　快速了解 Photoshop

1.2.2 全新的菜单栏

菜单栏中包含了文件、编辑、图像、图层、文字、选择、滤镜、3D、视图、窗口和帮助 11 个菜单，几乎在 Photoshop 中能用到的菜单命令都集中在菜单栏中。在编辑图像时，可以通过单击菜单栏中的菜单命令，在展开的子菜单或级联菜单中选择命令，完成对图像的编辑。

01 "文件"菜单："文件"菜单主要集中了一些对文件进行处理的操作命令，包含新建、打开、存储、置入、关闭和打印等。

02 "编辑"菜单："编辑"菜单用于对图像进行编辑，包括图像的还原、复制、粘贴、填充、描边、变换和定义图案等操作。

03 "图像"菜单："图像"菜单用于对图像的常规编辑，包含对图像颜色模式的调整、更改图像大小、设置图像颜色等命令。

04 "图层"菜单："图层"菜单中的命令主要用于对图层的控制和编辑，包含了新建图层、复制图层、删除图层等诸多命令。

05 "文字"菜单："文字"菜单主要用于对创建的文字进行调整和编辑，包括文字面板的选项、文字变形、更新与替换字体等。

06 "选择"菜单："选择"菜单主要用于对选区进行操作，例如反选区域、修改选区、存储与载入选区等。

07 "滤镜"菜单："滤镜"菜单包含 Photoshop 中所有的滤镜命令，通过执行这些命令，可以创建绘画、风格化、像素化等各种不同风格的艺术图像。

08 "3D"菜单："3D"菜单中包含了许多针对 3D 对象进行操作的命令。通过执行这些命令可以创建 3D 对象、编辑 3D 对象纹理以及导出 3D 图像等。

09 "视图"菜单："视图"菜单用于对整个视图进行调整和设置，包括视图的缩放、显示标尺、设置参考线和调整屏幕模式等。

10 "窗口"菜单："窗口"菜单用于控制面板的显示与隐藏。在"窗口"菜单中选中面板名称，就可以在工作界面中打开或隐藏面板。

11 "帮助"菜单："帮助"菜单能帮助用户解决在操作过程中遇到的各种问题。

1.2.3 认识工具箱

工具箱将 Photoshop 的功能以图标的形式聚在一起，从工具的形态和名称就可以了解该工具的功能，将鼠标光标放到某个图标上，即可显示该工具的名称，若长按按钮图标，即会显示该工具组中其他隐藏的工具。

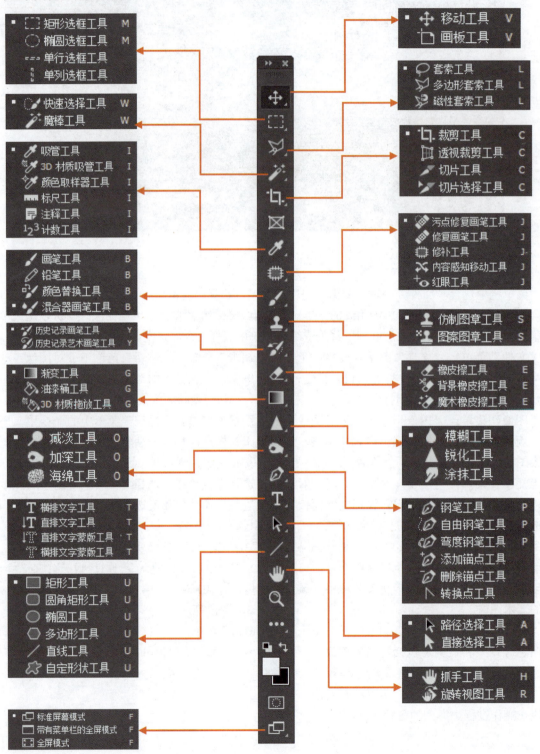

1.2.4 认识面板

面板汇集了 Photoshop 操作中常用的选项和功能,在"窗口"菜单下提供了 20 多种面板命令,选择相应的命令就可以在工作界面中打开相应的面板。利用工具箱中的工具或菜单栏中的命令编辑图像后,使用面板可进一步细致地调整各个选项,将面板功能应用于图像上,下面简单介绍常用的面板。

01"图层"面板:"图层"面板是 Photoshop 中最常用的面板之一,可对图像的图层添加效果、创建新图层、调整图层,还可以为图层添加图层蒙版,设置图层之间的混合模式和不透明度等。

02"通道"面板:"通道"面板显示编辑图像的所有颜色信息,可通过设置对颜色进行编辑和管理,也可以设置选区,以及创建或管理颜色通道。

03"路径"面板:"路径"面板用于存储和编辑路径,在"路径"面板中记录了在操作过程中创建的所有工作路径。通过"路径"面板可以创建新路径、更改路径名称以及将路径转换为选区等。

04"颜色"面板:"颜色"面板用于设置前景色和背景色,在面板中单击右侧的前景色色块即可设置前景色,单击背景色色块即可设置背景色,默认情况下为黑白色。单击并拖动右侧的滑块,就可以设置选择的背景色。

05"色板"面板:"色板"面板主要用于对颜色进行设定,单击"色板"选项卡,即可查看到"色板"面板,当把色板中的某一颜色设置为前景色时,只需要将鼠标光标移至该色块上,当出现吸管图标时单击即可。

06 "调整"面板： "调整"面板主要用于创建调整图层。在"调整"面板中单击下方的按钮即可在"图层"面板中创建对应的调整图层，用户也可以从面板的菜单中创建调整图层。

07 "属性"面板： "属性"面板集中了所有调整图层的设置选项和蒙版选项。默认情况下，未创建调整图层或蒙版时，"属性"面板将显示当前打开的文档属性。

08 "字符"面板： 在编辑或修改文本时，通过"字符"面板可对创建的文本进行编辑和修改，可设置或更改文本的字体、字号、颜色、间距等。

09 "段落"面板： "段落"面板用于设置与文本段落相关的选项，通过"段落"面板可以快速调整段落间距，为段落设置不同的缩进效果等。

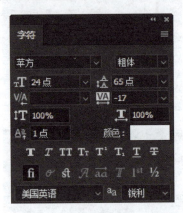

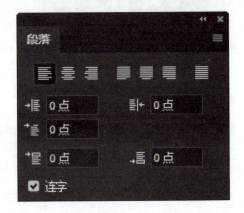

1.2.5　Photoshop CC 2019 新增功能

随着 Photoshop 版本的不断升级，其功能也变得更加完善。Adobe Photoshop CC 2019 作为最新的一款产品，在功能上变得更加强大，下面就来简单认识一下 Photoshop CC 2019 的新功能。

01 新增的图框工具： 使用"图框工具"可快速创建矩形或椭圆形占位符图框。创建占位符图框后，将图像以智能对象的方式置入图框中，即可轻松遮盖图像。另外，还可将文档中的任意形状或文本对象转化为图框，并使用指定的图像来填充图框。

02 全新的"内容识别填充"工作区： 全新的专用"内容识别填充"工作区可以为用户提供交互式编辑体验，进而让用户获得无缝的填充结果。在工作区中，借助 Adobe Sensei 技术，可以选择要使用的源像素，并且可以对其进行旋转、缩放和镜像源像素等。

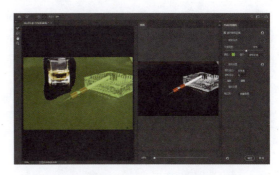

03 全新的对称模式： Photoshop CC 2019 允许在使用"画笔工具""混合器画笔工具""铅笔工具"及"橡皮擦工具"时绘制对称图形。在使用这些工具时，单击选项栏中的蝴蝶图标，然后从下拉列表中选择对称类型，例如垂直、水平、双轴、对角线、波纹、圆形、螺旋线、平行线、径向、曼陀罗等，然后进行对称图形的绘制。

04 实时的混合模式预览： 在 Photoshop CC 2019 中，可以滚动查看各个混合模式选项，以了解它们在图像上的外观效果。当我们在"图层"面板和"图层样式"对话框中滚动查看不同的混合模式选项时，Photoshop 将在画布上显示混合模式的实时预览效果。

05 分布间距设置： 在新版的 Photoshop 中可以更加自由地分配对象的间距，可以通过在对象的中心点均匀布置间距来分布多个对象。即使对象的大小互相不同，仍可在这些对象之间均匀地分布间距。在选取好要调整的对象后，单击"移动工具"选项栏中的"对齐并分布"按钮，在展开的面板中就可以对齐与分布设置。

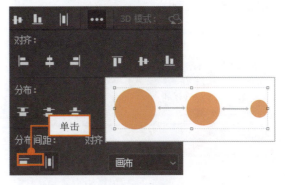

1.3　创建个性化工作区

在运用 Photoshop CC 2019 设计作品时，为了便于操作，可以将工作区中的一部分面板关闭或以组合的方式显示。将常用的面板组合在一起，创建适合于个人操作习惯的工作区，并应用于实际操作中，工作效率可大大提高。

原始文件： 随书资源\01\素材\07.jpg
最终文件： 无

步骤 01：打开随书资源\01\素材\07.jpg 素材图像，打开图像后，在工作界面中将以"基本功能（默认）"工作区显示打开的图像。

步骤 02：①在工作界面右侧单击"属性"面板，②将该面板向左拖动至图像窗口中，使其悬浮于图像上方。

步骤 03：单击"属性"面板右上角的"关闭"按钮，关闭面板，隐藏工作界面中已显示的"属性"面板。

步骤 04：①选中"调整"面板，②单击并向下拖动该面板标签。

步骤 05：松开鼠标，将"调整"面板从"库"面板组中分离。

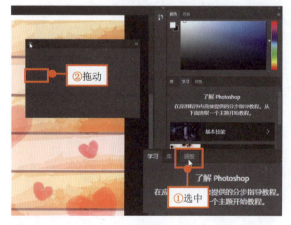

步骤 06：右击"颜色"面板标签，在打开的菜单下执行"关闭选项卡组"命令，关闭"颜色"面板。

步骤 07：选中"调整"面板，然后单击并拖动该面板至"图层"面板组，当出现蓝色边框时，松开鼠标，组合面板。

第1章 快速了解 Photoshop

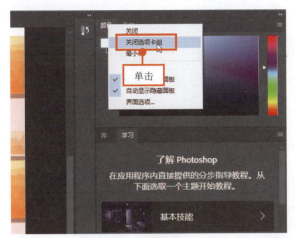

步骤 08：右击"库"面板标签，在打开的菜单下执行"关闭"命令，关闭工作界面中的"颜色"面板。

步骤 09：单击"学习"面板组右上角的"折叠为图标"按钮，将当前显示的所有面板全部折叠为图标，放于图像窗口的右侧。

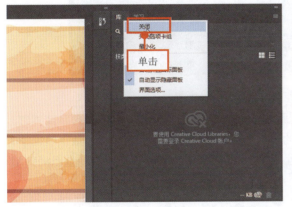

步骤 10：设置好自定义的工作区后，执行"窗口>工作区> 新建工作区"菜单命令。

步骤 11：打开"新建工作区"对话框，在"名称"右侧的文本框中，①输入工作区的名称，②单击"存储"按钮，保存工作区。

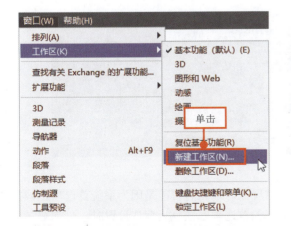

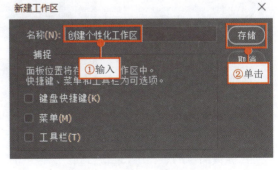

技巧提示：Photoshop 不但可以创建工作区，也可以删除指定的工作区。执行"窗口>工作区>删除工作区"菜单命令，打开"删除工作区"对话框，在对话框中的"工作区"下拉列表中选取要删除的工作区，单击"删除"按钮即可删除所选工作区。

9

专家课堂

1. 怎样根据不同的用户需求选择工作区？

Photoshop 根据不同用户群的设计需求，设置了 3D、设计、动感等不同的预设工作区，用户可以通过预设的工作区显示和隐藏面板。当选取不同的预设工作区时，将会在工作界面中显示不同的面板选项，具体步骤如下。

步骤 01： ①单击工作区右上角的"选择一个工作区"按钮，②在打开的下拉列表中单击"摄影"工作区，如下左图所示。

步骤 02： 选定工作区后，系统根据所选取的工作区，重新排列并显示面板，效果如下右图所示。

2. 当系统没有足够的 RAM 支持某个操作时，怎样调整系统默认的暂存盘？

如果系统没有足够的 RAM 来执行某个操作，那么 Photoshop 将使用一种专用虚拟内存技术（即暂存盘）来存储文件。暂存盘是指具有空闲内存的任何驱动器或驱动器的一个分区。默认情况下，Photoshop 会将安装操作系统的硬盘作为主暂存盘，用户可以更改暂存盘，以便在主硬盘已满的情况下存储图像，具体操作方法如下。

步骤 01： 执行"编辑>首选项>性能"菜单命令，如下左图所示，打开"首选项"对话框。

步骤 02： 在"首选项"对话框中勾选需要添加为暂存盘的硬盘，如下右图所示，单击"确定"按钮，完成暂存盘的设置。

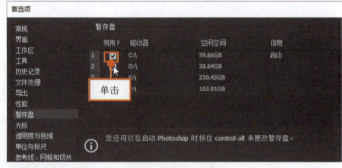

3. 如何恢复 Photoshop 的系统默认设置？

在编辑图像的过程中，当遇到应用程序出现异常现象时，很有可能是因为系统首选项已被损坏，此时就需要将首选项恢复为默认设置。要将所有的首选项都恢复为默认设置时，只需要在启动 Photoshop 后，①执行"编辑>首选项>工作区"菜单命令，如下左图所示，②单击"首选项"对话框中的"恢复默认工作区（R）"按钮，即可恢复默认的首选项设置。

第 1 章 快速了解 Photoshop

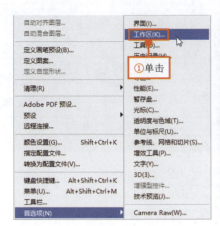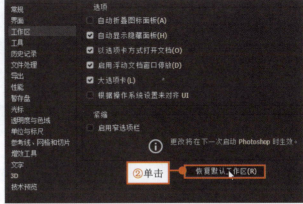

第 2 章　Photoshop 的基本操作

要学会在 Photoshop 中进行图像的编辑，就需要掌握 Photoshop 的基本操作。在 Photoshop 中，软件的基本操作主要包括文件的基本操作、图像的查看和编辑，以及对图像进行简单的调整等。

2.1　文件的基本操作

在 Photoshop 中对文件的管理是最基础的操作。若要对文件进行管理，需要在新建或打开文件后才能在 Photoshop 中做进一步的操作。利用"文件"菜单中的各种命令可完成文件的新建、打开、关闭和存储等操作。

2.1.1　新建文档

应用"文件"菜单下的"新建"命令可以在图像窗口中新建一个任意大小的空白文档，并且可以通过打开的"新建"对话框对新建文档的名称、大小、分辨率以及背景内容等进行设置。

原始文件：无
最终文件：随书资源\02\源文件\新建文档.psd

步骤 01：执行"文件>新建"菜单命令，打开"新建文档"对话框，①在对话框中输入新建文档的名称，②指定文档的宽度和高度值，③单击右下角的"创建"按钮。

步骤 02：根据设置的宽度和高度值在图像窗口中新建一个指定大小的空白文档。

2.1.2　打开指定的文件

在 Photoshop 中可以打开指定的图像文件，并将其显示到窗口中进行编辑。通常可以通过以下两种方式将文件打开：一种是利用"打开"对话框选择需要打开的文件直接打开，另一种是在文件中选中文件后以 Photoshop 运行方式打开。

1. 运用"打开"对话框打开文件

在 Photoshop 中最常用的打开文件的方式是通过"打开"对话框打开文件，执行"文件>打开"菜单命令，或按下 Ctrl+O 组合键，均可以打开"打开"对话框。

原始文件：随书资源\02\素材\01.jpg、02.jpg
最终文件：无

步骤01：运行Photoshop CC 2019软件后，执行"文件>打开"菜单命令。

步骤02：打开"打开"对话框，①在对话框中单击选中需要打开的文件，②单击"打开"按钮。

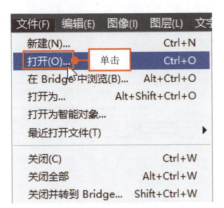

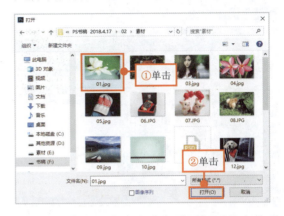

步骤03：确认打开图像后，在Photoshop中将选择的文件打开，并显示在工作界面中。

步骤 04：①在文件夹中选中需要打开的文件后右击，②在打开的快捷菜单下执行"打开方式>Adobe Photoshop CC 2019"命令。

步骤05：执行命令后，即可运行Photoshop，并将选中的文件在Photoshop中打开。

技巧提示：在 Photoshop 中，除了上面介绍的两种打开图像的方法，也可以通过"起点"工作区打开图像。对于已经打开过的图像，可以直接单击缩览图进行打开，如果要打开其他图像，则可以单击工作区中的"打开"按钮进行打开。

2.1.3 存储和关闭文件

在新建或打开的文件中进行编辑后，需要关闭文件时，可通过"关闭"和"关闭全部"命令对单个或多个文件进行关闭。如需保存编辑后的结果，则可通过"存储"或"存储为"两个命令将图像保存，并选择不同的格式存储文件。

原始文件：随书资源\02\素材\03.jpg
最终文件：无

步骤 01：打开随书资源\02\素材\03.jpg 素材图像，并对其进行编辑，编辑完后，执行"文件>存储"菜单命令。

步骤 02：打开"另存为"对话框，①在对话框中输入文件的存储名称，②单击"保存"按钮，即可存储文件。

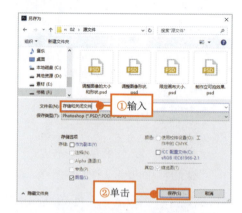

步骤 03：打开"Photoshop 格式选项"对话框，在对话框中单击"确定"按钮，存储文件。

步骤 04：把文件先存储到指定的文件夹以后，执行"文件>关闭"菜单命令，关闭文件。

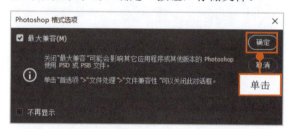

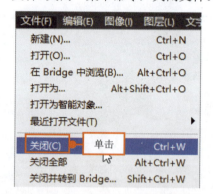

技巧提示：利用 Photoshop 对打开的图像进行编辑后，执行"关闭"命令关闭文件时，会弹出一个"提示"对话框，提示用户在关闭前是否要对修改的文件进行存储，如果单击"是"按钮，则可以存储修改结果；如果单击"否"按钮，则直接关闭而不会存储修改结果。

2.2　图像的查看

对于 Photoshop 中已打开或正在编辑的图像，需要利用合适的工具对其进行快速浏览和查看。在 Photoshop 中，可以使用不同的方法来查看图像，常用的查看图像的方式包括运用不同的屏幕模式查看图像，同时进行多个图像的查看，以及通过"导航器"面板查看图像等。

2.2.1　在不同的屏幕模式下查看图像

在 Photoshop 中提供了三种不同的屏幕显示模式，分别为"标准屏幕模式""带有菜单栏的全屏模式"和"全屏模式"，默认情况下，以"标准屏幕模式"显示当前打开的图像。在编辑图像的过程中，通过调整屏幕模式可以更加直观地查看图像。

原始文件：随书资源\02\素材\04.jpg
最终文件：无

第 2 章　Photoshop 的基本操作

01 查看屏幕模式：打开随书资源\02\素材\04.jpg 素材图像，在默认情况下，以"标准屏幕模式"显示图像。

02 带菜单栏的全屏模式：单击工具箱最下方的"更改屏幕模式"按钮，在展开的列表中单击"带有菜单栏的全屏模式"选项，将图像全屏显示出来，同时在工作区中显示相应的面板。

03 全屏模式：单击工具箱最下方的"更改屏幕模式"按钮，①在展开的列表中单击"全屏模式"选项，打开"信息"对话框，②在对话框中单击"全屏"按钮，则可以将其切换至黑色背景的全屏模式，在此模式下可以更直观地查看图像效果。

2.2.2 同时查看多个图像

　　Photoshop 中可以同时查看多个图像，即用户可以通过"排列文档"功能将打开的多个文件以不同的排列方式同时显示在窗口中，便于查看图像。

原始文件：随书资源\02\素材\05.jpg ~07.jpg
最终文件：无

步骤 01：执行"文件>打开"菜单命令，打开"打开"对话框，①在对话框中按下 **Ctrl** 键并连续单击多个图像，②单击"打开"按钮。

步骤 02：在工作界面中将选中的多个图像同时打开，但此时在界面中只显示其中一个图像。

技巧提示：Photoshop 为了满足不同用户群体的设计需要，设置了 3D、设计、动感等多种不同的预设工作区，当选取不同的预设工作区时，将会在工作界面中显示不同的面板选项。

步骤03：为了方便查看多个图像，执行"窗口>排列>三联堆积"菜单命令。

步骤04：将打开的多个文件以选择的"三联"排列方式显示在图像窗口中。

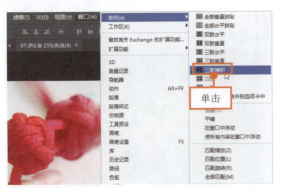

2.2.3 使用导航器查看图像

使用"导航器"面板不仅可以查看整幅图像的效果，还可以帮助用户快速转换图像的视图，对图像进行缩小或放大设置，用于查看细节或整体图像。执行"窗口>导航器"菜单命令，即可打开"导航器"面板。

原始文件：随书资源\02\素材\08.jpg
最终文件：无

步骤01：打开随书资源\02\素材\08.jpg素材图像，打开"导航器"面板，在面板中的红色边框为视图框，表示当前图像窗口中显示的图像区域。

步骤02：向右拖动"导航器"面板中的缩放滑块，缩小红色边框，视图中的图像被放大显示。

步骤03：将鼠标光标放置到"导航器"面板中的红色视图框上，光标变为🖐形，单击并拖动，即可调整视图框的位置，快速查看图像。

步骤04：①单击"导航器"面板右上角的扩展按钮，②在面板菜单中执行"面板选项"命令，③打开"面板选项"对话框，在"颜色"选项下拉菜单中选择需要的颜色，④单击"确定"按钮。

步骤05：确认设置后，返回"导航器"面板，此时可以看到改变视图框颜色后的面板效果。

2.3 图像的基本编辑操作

利用"编辑"菜单下的菜单命令，可以对图像进行简单的编辑与设置，得到不同造型的图像效果。例如，对图像进行剪切、复制、粘贴、自由变换，以及对图像进行变形等。

2.3.1 剪切、复制与粘贴图像

利用"编辑"菜单下的"剪切"和"拷贝"命令可以将图层或选区中的内容进行裁剪或复制操作，并将图像临时保存到剪贴板中，再通过"粘贴"命令把图像粘贴到新的图层中。通过"剪切"命令将图像裁剪下来后，被裁剪的区域将以背景色填充，而利用"拷贝"命令则可以复制特定区域的图像，复制后，原图像不会发生变化。

原始文件：随书资源\02\素材\09.jpg
最终文件：随书资源\02\源文件\剪切、复制与粘贴图像.psd

步骤01：打开随书资源\02\素材\09.jpg素材图像，使用"快速选择工具"在图像中创建出选区。

步骤02：执行"编辑>剪切"菜单命令，将选区内的图像剪切掉。

技巧提示：在Photoshop中，为剪切、复制、粘贴图像创建了组合键，在编辑图像时，用户可以按下Ctrl+X组合键，剪切图像；按下Ctrl+C组合键，复制图像；按下Ctrl+V组合键，粘贴图像。

步骤03：执行"剪切"命令后，继续执行"编辑>粘贴"菜单命令，将剪切掉的图像重新粘贴至画面中。

步骤04：使用"快速选择工具"在图像中单击，选取另外一艘小船，执行"编辑>拷贝"菜单命令，将选区内的图像进行复制。

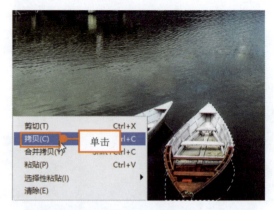

步骤05：复制图像后，执行"编辑>粘贴"菜单命令，粘贴已经复制的图像，并在复制图像时，将在"图层"面板中创建一个新的图层用于存储复制的图像。

2.3.2 自由变换图像

利用"变换"命令可以快速更改图像的大小和形状。执行"编辑>变换"菜单命令，在打开的子菜单下可以选择变换方式，包括"缩放""选择""斜切""变形"等，通过选择不同的变换方式，可得到不同的变形效果。

原始文件：随书资源\02\素材\10.jpg、11.psd
最终文件：随书资源\02\源文件\自由变换图像.psd

步骤01：打开随书资源\02\素材\10.jpg素材照片，在窗口中显示打开的图像。

步骤02：打开随书资源\02\素材\11.psd素材照片，在窗口中显示打开的图像。

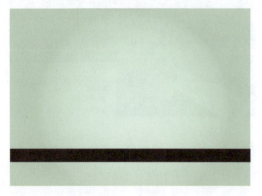
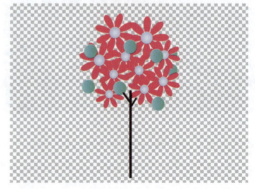

步骤03：单击工具箱中的"移动工具"按钮 ，把打开的11.psd素材图像拖动到10.jpg素材图像中。

步骤04：按下Ctrl+J组合键，连续复制图像，得到"图层1 拷贝"和"图层1 拷贝2"图层，然后移动图像位置。

步骤05：选择"图层1 拷贝"图层，执行"编辑>变换>缩放"菜单命令，出现变换编辑框。

步骤06：将鼠标光标移至编辑框上，当光标变为双向箭头时，单击并拖动编辑框，缩放图像。

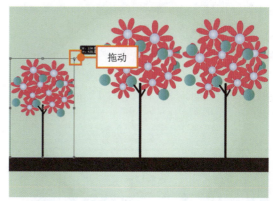

步骤07：缩放至合适大小后，按下Enter键，继续运用同样的方法，对左侧的图像也进行相同的缩放操作。

步骤08：按下Ctrl+T组合键，打开变换编辑框，右击编辑框内的图像，在打开的快捷菜单下执行"旋转"命令。

技巧提示： 执行"编辑>变换>缩放"菜单命令，打开变换编辑框对图像进行缩放操作时，若按下Shift键的同时再拖动变换编辑框，则可以保持原图像的比例来进行缩放。

步骤09：将鼠标光标移至编辑框上，当光标变为折线箭头时，单击并拖动编辑框，旋转编辑框中的图像。

步骤10：旋转图像后，按下Enter键，确认旋转，然后继续运用同样的方法，对左侧的图像也进行旋转操作。

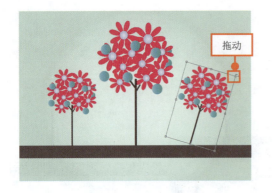

2.3.3 调整图像的形状

操控变形即为图像创建一种可视的网格，通过该网格，可以在随意扭曲特定图像区域的同时保持其他区域不变。对选中的图像执行"编辑>操控变形"菜单命令，即可在图像上出现可视网格，通过拖动网格完成图像的变形。

原始文件：随书资源\素材\02\12.jpg
最终文件：随书资源\源文件\02\操控变形.psd

步骤01：打开随书资源\素材\02\12.jpg素材图像，选择"快速选择工具"，在图像中单击创建选区。

步骤02：执行"选择>修改>羽化"菜单命令，打开"羽化选区"对话框，①输入"羽化半径"为2像素，②单击"确定"按钮，羽化选区。

步骤03：按下Ctrl+J组合键，复制选区内的图像，创建"图层1"图层。

步骤04：执行"编辑>操控变形"菜单命令，打开变形网格。

步骤05：将鼠标光标移到变形网格中，并单击确认基准点。

步骤06：拖动变形网格，连续拖动后，对网格中的图像进行变形操作。

步骤07：按下Enter键，在窗口中查看变形后的效果。

2.4 调整图像

在Photoshop中，我们学习了图像的基本操作后，就需要进一步了解如何调整图像，包括快速调整图像大小、画布大小、旋转图像，以及对图像进行裁剪操作等。通过学习图像的调整方式，为后面进行实际应用奠定基础。

2.4.1 通过"图像大小"命令设置图像大小

利用"图像大小"命令可以查看并更改图像的大小、分辨率和打印尺寸。执行"图像>图像大小"菜单命令，打开"图像大小"对话框，在对话框中对文档大小进行设置，当重新设置图像分辨率时，图像的像素也会随之发生变化。

原始文件：随书资源\素材\02\13.jpg
最终文件：随书资源\源文件\02\通过"图像大小"命令设置图像大小.psd

步骤01：打开随书资源\素材\02\13.jpg素材图像，执行"图像>图像大小"菜单命令。

步骤02：打开"图像大小"对话框，在对话框上方显示了当前所打开的图像的宽度和高度。

步骤03：①在"图像大小"对话框中输入"宽度"值为1800像素，自动调整高度值，②单击"确定"按钮。

步骤04：根据设置的宽度和高度值调整图像，在状态栏中查看调整大小后的图像显示比例和大小。

2.4.2 通过"画布大小"命令设置画布范围

利用"画布大小"命令可扩大或缩小图像的显示和操作区域，当扩展画布区域时，运用"画布扩展颜色"填充扩展的画布区域，当缩小画布区域时，则可以将超出画布区域的图像裁剪掉。执行"图像>画布大小"菜单命令，即可打开"画布大小"对话框。

原始文件：随书资源\素材\02\14.jpg
最终文件：随书资源\源文件\02\通过"画布大小"命令设置画布范围.psd

步骤01：打开随书资源\素材\02\14.jpg素材图像，在图像窗口中显示打开的图像，执行"图像> 画布大小"菜单命令。

步骤02：打开"画布大小"对话框，①在对话框中勾选"相对"复选框，②输入新建的宽度和高度值。

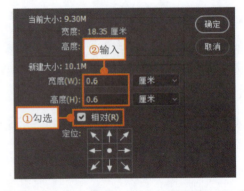

步骤03：单击"画布扩展颜色"下拉按钮，在打开的列表中选择"其它"选项，以打开"拾色器（画布扩展颜色）"对话框。

步骤04：①在"拾色器（画布扩展颜色）"对话框中设置颜色值为R:254、G:252、B:226，②单击"确定"按钮。

步骤05：确认颜色，返回"画布大小"对话框，单击"确定"按钮，扩展画布效果。

2.4.3 通过"旋转图像"命令矫正倾斜的图像

使用"图像旋转"命令可对整个图像进行旋转，即对画布进行旋转。执行"图像>图像旋转"菜单命令，在打开的级联菜单下选择要旋转的角度，包括180度、90度（顺时针/ 逆时针）、水平翻转以及垂直翻转等。除此之外，也可以通过执行"任意角度"命令对图像进行任意角度的旋转操作。

原始文件：随书资源\素材\02\15.jpg
最终文件：随书资源\源文件\02\通过"旋转图像"命令矫正倾斜的图像.jpg

步骤01：打开随书资源\素材\02\15.jpg素材图像，①单击工具箱中的"标尺工具"，②沿图像水平线绘制参考线。

步骤02：执行"图像>图像旋转>任意角度"菜单命令，打开"旋转画布"对话框，根据绘制参考线自动设置旋转角度，单击"确定"按钮。

步骤03：旋转画布，选择"裁剪工具"在画面中单击并拖动，绘制裁剪框，框选需要保留的图像区域。

步骤04：单击选项栏中的"提交当前裁剪操作"按钮✓，或者按下Enter键，确认裁剪，去除多余的图像区域。

2.4.4 使用"裁剪工具"调整图像构图

在 Photoshop 中,可以使用"裁剪工具"对图像进行裁剪操作。使用"裁剪工具"裁剪图像时,不但可以选择预设的裁剪比例进行图像的裁剪操作,还可以选择保留被裁剪的区域,以便重新返回到原图像中进行修改。

原始文件: 随书资源\素材\02\16.jpg
最终文件: 随书资源\源文件\02\使用"裁剪工具"调整图像构图.psd

步骤01: 打开随书资源\素材\02\16.jpg素材图像,①单击工具箱中的"裁剪工具"按钮 ,②在图像中单击创建裁剪框。

步骤02: 单击工具选项栏中的"选择预设纵横比"下拉按钮,在展开的下拉列表中选择图像裁剪比例为"8.5×11英寸300ppi",调整裁剪框。

步骤03: 将鼠标光标移到裁剪框右上角位置,①按下Shift键不放,单击并向内侧拖动,等比例缩小裁剪框,②将鼠标光标移到裁剪框中间位置,拖动以调整裁剪框位置。

步骤04: 设置好要裁剪的图像范围后,右击裁剪框中的图像,在打开的快捷菜单下执行"裁剪"命令,裁剪图像。

> **技巧提示:** 应用"裁剪工具"裁剪图像时,可以通过"叠加选项"选择裁剪时显示叠加参考线的视图,可用的参考线包括三等分参考线、网格参考线和黄金比例参考线等。

2.4.5 使用"透视裁剪工具"校正透视效果

"透视裁剪工具"可帮助用户更准确地校正图像透视效果。"透视裁剪工具"位于"裁剪工具"的隐藏菜单中,单击"裁剪工具"下侧的三角按钮,在打开的隐藏菜单下即可选择"透视裁剪工具"。

原始文件: 随书资源\素材\02\17.jpg
最终文件: 随书资源\源文件\02\使用"透视裁剪工具"校正透视效果.jpg

步骤01：打开随书资源\素材\02\17.jpg素材图像，①单击工具箱中的"透视裁剪工具"，②在图像上绘制裁剪框。

步骤02：将鼠标光标移至裁剪框右上角，单击并拖动裁剪框右上角的控制点。

步骤03：调整裁剪框后，右击裁剪框内的图像，执行"裁剪"命令，裁剪图像后可看到画面校正了透视角度效果。

2.5 制作立可拍效果

在图像或图层中，当所要选择的区域颜色繁多，并且与周围的环境色相似时，则不能应用选框工具快速选取图像，此时就需要通过"套索工具"来绘制选区。运用选区工具在图像中创建选区，并对选区进行操作。

原始文件： 随书资源\素材\02\18.jpg
最终文件： 随书资源\源文件\02\制作立可拍效果.psd

步骤01：打开随书资源\素材\02\18.jpg素材照片，在"图层"面板中选择"背景"图层，复制该图层，创建"背景 拷贝"图层。

步骤02：①单击"调整"面板中的"亮度/对比度"按钮，打开"属性"面板，②输入"亮度"为20，③"对比度"为21，调整图像。

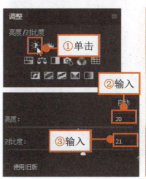

步骤03：①单击"调整"面板中的"照片滤镜"按钮，打开"属性"面板，②选择"黄"滤镜，③设置"浓度"为37%，在图像窗口中可查看应用滤镜调整后的效果。

步骤04：①单击"调整"面板中的"色阶"按钮，打开"属性"面板，②依次输入色阶值为9、0.67、244，在图像窗口中可查看到应用色阶增加图像对比后的效果。

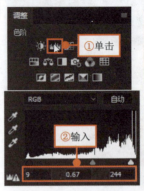

步骤05：①单击"调整"面板中的"曲线"按钮，打开"属性"面板，②选择"红"选项，③单击并拖动曲线，进行设置。

步骤06：①选择"蓝"选项，②单击并拖动曲线，设置后在图像窗口中可查看到应用曲线后的效果。

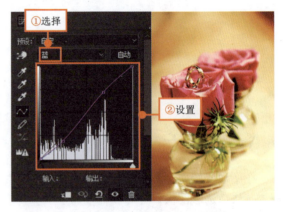

步骤07：单击工具箱中的"透视裁剪工具"按钮，按下Shift键不放，绘制一个正方形裁剪框。

步骤08：右击编辑框内的图像，在打开的快捷菜单下单击"裁剪"命令，将图像裁剪为正方形效果。

步骤09：执行"图像>画布大小"菜单命令，打开"画布大小"对话框，①勾选"相对"复选框，②设置宽度和高度均为1厘米，③单击下方的颜色块。

步骤10：打开"拾色器（画布扩展颜色）"对话框，①在对话框中设置颜色值为R:254、G:251、B:226，②单击"确定"按钮。

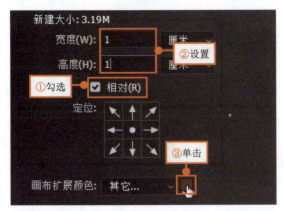

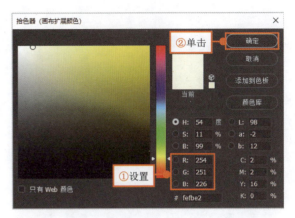

步骤11：返回至"画布大小"对话框，单击右侧的"确定"按钮，扩展画布效果。

步骤12：执行"图像>画布大小"菜单命令，打开"画布大小"对话框，①单击定位画布，②设置"高度"为1.5厘米，③单击"确定"按钮。

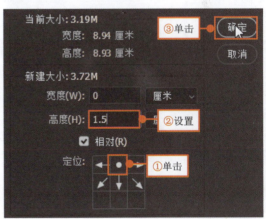

步骤13：根据设置的画布位置，对画布进行扩展操作，在图像窗口中查看扩展画布后的图像效果。

步骤14：单击"图层"面板中的"创建新图层"按钮，新建"图层1"图层，使用"矩形选框工具"在图像中绘制选区。

步骤15：执行"编辑>描边"菜单命令，打开"描边"对话框，①在对话框中输入"宽度"为2像素，②设置描边颜色为黑色，③设置后单击"确定"按钮。

步骤16：为绘制的选区应用描边效果，按下Ctrl+D组合键，取消选区，结合"横排文字工具"和"字符"面板在图像中输入合适的文字，得到精美的立可拍效果。

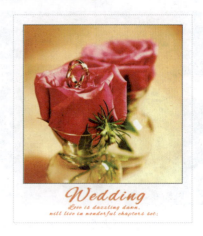

专家课堂

1. 在Photoshop中怎样同时缩放多张图像？

在编辑和设置图像时，常会遇到图像的缩放操作，以便查看到图像细节或整体效果。在Photoshop中可以运用"缩放工具"对多个图像同时进行缩放操作，即通过勾选工具选项。

步骤01：在Photoshop中同时打开多个图像，通过执行"窗口>排列>三联堆积"菜单命令，调整图像的排列方式，如下左图所示。

步骤02：选择工具箱中的"缩放工具"，①在选项栏中勾选"缩放所有窗口"复选框，如下右图所示，②将鼠标光标移至其中一个图像上单击，单击后可看到其他图像也进行了相应的缩放。

2. 如何在Photoshop中将图像裁剪至指定大小？

对一些有特殊用途的照片来说，尺寸是非常重要的，若要将照片裁剪成指定的尺寸比例，也可以运用裁剪工具来实现。在工具箱中选择裁剪工具后，可以在选项栏中设置裁剪的尺寸，通过设置来裁剪照片，就能根据选择的比例进行裁剪，具体操作步骤如下。

步骤01：选择工具箱中的"裁剪工具"，单击选项栏中的"选择预设纵横比"下拉按钮，在展开的下拉列表中选择"宽×高×分辨率"选项，如下左图所示。

步骤02：在选项栏中选择"宽×高×分辨率"选项后，重新输入裁剪框的宽度和高度比值，同时在图像窗口中看到裁剪框变成相同的大小，如下右图所示。

3. 怎样在调整画布大小的同时对画布颜色进行更改？

在使用"画布大小"命令对画布进行扩展时，可以通过"画布扩展颜色"下拉列表选择默认的扩展颜色来调整画布的扩展颜色，也可以通过单击"画布扩展颜色"右侧的颜色块，打开"选择画布扩展颜色"对话框，在对话框中指定新颜色，扩展画布区域，具体操作步骤如下。

步骤01：打开图像后，执行"图像>画布大小"菜单命令，打开"画布大小"对话框，单击"画布扩展颜色"下拉按钮，在打开的列表中查看可以选取的画布颜色，如下左图所示。

步骤02：在"画布扩展颜色"列表中选择"灰色"选项，显示扩展画布效果，如下中图所示，选择"黑色"选项，扩展画布效果如下右图所示。

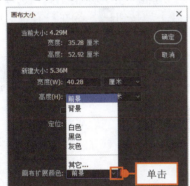  

步骤03：在"画布扩展颜色"下拉列表中选择其他选项，或单击右侧的颜色块，即可打开"拾色器（画布扩展颜色）"对话框，如下左图所示。

步骤04：①在对话框中单击或输入颜色，②单击"确定"按钮，返回至"画布大小"对话框，③在对话框中设置新的画布扩展颜色，如下中图所示。最终效果如下右图所示。

 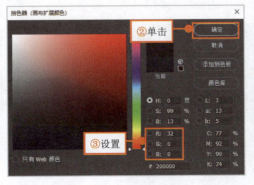 

第 3 章　图像选区的基本应用

选区用于指定 Photoshop 中各种功能和图像效果的编辑范围，从而在图像中准确地选取需要的内容。在 Photoshop 中可以通过各种选区工具来进行选区的创建操作，在创建选区后，还可以结合菜单命令对选区做进一步的编辑，以适合画面内容。

3.1　选框工具组

通过对选框工具组中的工具进行简单操作，可以快速地在图像中创建几何形状的选区，包括矩形、椭圆、单行或单列选区。在工具箱中单击"矩形选框工具"图标，即可在打开的隐藏工具中选中需要的选区创建工具。

3.1.1　使用"矩形选框工具"为图像添加边框

使用"矩形选框工具"可以绘制出矩形或正方形的选区。选中"矩形选框工具"后，在图像上单击并沿对角线方向拖动，即可创建出矩形选区。在创建选区时，可以通过"矩形选框工具"选项栏对工具做进一步设置，以便更准确地绘制选区。

原始文件：随书资源\03\素材\01.jpg
最终文件：随书资源\03\源文件\使用"矩形选框工具"为图像添加边框.psd

步骤 01：打开随书资源\03\素材\01.jpg 图像，①单击工具箱中的"矩形选框工具"按钮 ，②沿着图像边缘单击并拖动，绘制矩形选区。

步骤 02：①单击"矩形选框工具"选项栏中的"从选区减去"按钮 ，②在已有选区中单击并拖动，绘制选区效果。

步骤 03：①新建图层，执行"编辑>填充"命令，②在打开的对话框中"内容"选择为"图案"，③在下方选择图案，④单击"确定"按钮。

步骤 04：应用选择的图案填充选区，按下 Ctrl+D 组合键，取消选择，在图像窗口中查看填充后的效果。

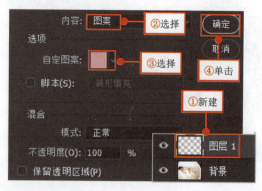

3.1.2 使用"椭圆选框工具"突出主体对象

利用"椭圆选框工具"可以在图像中创建圆形或椭圆形的选区。在工具箱中单击"矩形选框工具"图标，在打开的隐藏工具中选择"椭圆选框工具"，然后通过在图像中单击并拖动，即可创建需要的椭圆形选区。

原始文件：随书资源\03\素材\02.jpg
最终文件：随书资源\03\源文件\使用"椭圆选框工具"突出主体对象.psd

步骤01：打开随书资源\03\素材\02.jpg 素材图像，①单击工具箱中的"椭圆选框工具"按钮，②在图像中绘制一个椭圆选区。

步骤02：按下 Ctrl+J 组合键，复制选区内的图像，在"图层"面板中得到"图层1"图层，双击该图层。

步骤03：打开"图层样式"对话框，勾选"投影"复选框，设置"投影"样式，①输入"不透明度"为 56%，②"角度"为 135 度，③"距离"为 10 像素，④"大小"为 7 像素。

步骤04：单击"描边"样式，①在展开的选项卡中设置描边"大小"为 4 像素，②颜色为白色，设置完成后在"图层样式"对话框中单击"确定"按钮。

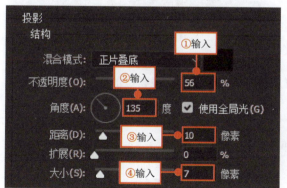

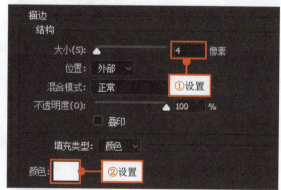

步骤05：返回至图像窗口中，根据设置的图层样式，为图像添加投影和描边效果，按下 Ctrl 键不放并单击"图层1"缩览图，载入选区。

步骤06：①单击"创建"面板中的"色相/饱和度"按钮，②新建"色相/饱和度 1"调整图层，打开"属性"面板，在面板中的"饱和度"输入+27。

步骤07：根据设置的参数值调整选区内的图像色彩，按下 Ctrl 键不放，单击"色相/饱和度 1"右侧的蒙版缩览图，载入选区，执行"选择>反向"菜单命令，反选选区。

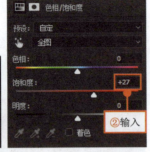

步骤08：①单击"创建"面板中的"色相/饱和度"按钮，②新建"色相/饱和度 2"调整图层，在"属性"面板中的"饱和度"输入-40。

步骤09：设置"色相/饱和度"选项后，根据设置的参数值调整椭圆中图像的色彩饱和度，选用"横排文字工具"为图像添加合适的文字。

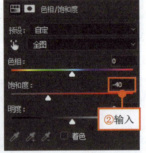

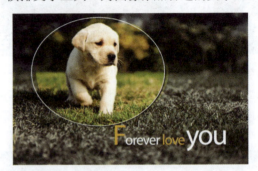

3.1.3 使用"单行或单列选框工具"制作信纸

利用"单行选框工具"和"单列选框工具"可以在图像中绘制出 1 像素宽的横向或纵向选区。若要创建单行或单列的选区，只需在选中工具后，在图像中直接单击即可。

原始文件：随书资源\03\素材\03.jpg

最终文件：随书资源\03\源文件\单行或单列选框工具.psd

步骤01：打开随书资源\03\素材\03.jpg 素材图像，①单击工具箱中的"单行选框工具"按钮，②在图像上单击，绘制单列选区。

步骤02：①单击"单列选框工具"选项栏中的"添加到选区"按钮，②在图像中连续单击，创建单列选区。

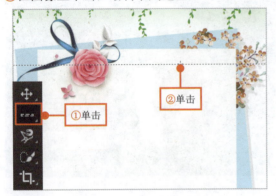

步骤 03：①设置前景色为 R:92、G:39、B:7，②单击"图层"面板中的"创建新图层"按钮，新建"图层 1"图层，③按下 Alt+Delete 组合键，填充颜色。

步骤 04：①单击工具箱中的"单列选框工具"按钮，②单击选项栏中的"添加到选区"按钮，③在图像中连续单击，创建选区。

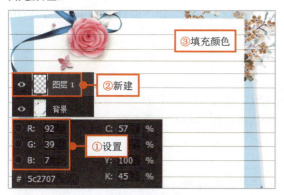
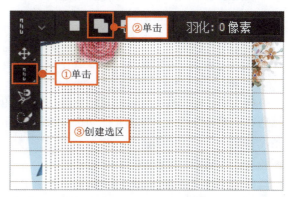

步骤 05：执行"选择>修改>扩展"菜单命令，①在打开的对话框中输入"扩展量"为 3 像素，②单击"确定"按钮，扩展选区。

步骤 06：按下 Delete 键，删除选区内的图像，然后按下 Ctrl+D 组合键，取消选区，查看图像效果。

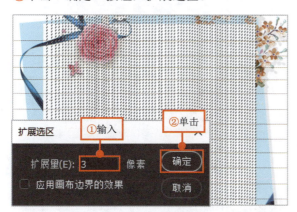

步骤 07：单击工具箱中的"橡皮擦工具"按钮，擦除背景以及信纸两侧多余的线条，得到整洁的画面。

步骤 08：选中"图层 1"图层，①按下 Ctrl+J 组合键，复制图层，创建"图层 1 拷贝"图层，②设置图层混合模式为"线性加深"。

3.2 套索工具组

利用选框工具组只能在图像上创建简单的几何选区，当需要创建更为复杂的选区时，则需要使用套索工具组，套索工具组包括"套索工具""多边形套索工具"和"磁性套索工具"，应用这些工具可以创建任意形态的选区。

3.2.1 使用"套索工具"创建可爱双胞胎效果

利用"套索工具"可以创建任意形状的不规则选区。单击工具箱中的"套索工具"按钮，然后在需要选取的地方单击并拖动进行绘制，当绘制线条的终点与起点重合时，单击即可闭合线条，得到一个封闭的选区。

原始文件：随书资源\03\素材\04.jpg
最终文件：随书资源\03\源文件\使用"套索工具"创建可爱双胞胎效果.psd

步骤01：打开随书资源\03\素材\04.jpg 素材图像，选择工具箱中的"套索工具"，①在选项栏中设置"羽化"值为 20 像素，②沿着人物图像拖动鼠标光标。

步骤02：当终点与起点重合时，释放鼠标，得到选区效果，按下 Ctrl+J 组合键，复制选区内的图像，创建"图层 1"图层。

步骤03：①执行"编辑>变换>水平翻转"菜单命令，水平翻转图像，②使用"移动工具"移动人物的位置。

步骤04：①单击工具箱中的"橡皮擦工具"按钮，②设置"不透明度"为 39%、"流量"为 32%，③在图像中涂抹，擦除不自然的边缘。

3.2.2 使用"多边形套索工具"选择并抠取图像

"多边形套索工具"可以在图像中创建不规则形状的多边形选区，如三角形、梯形等。单击工具箱中的"套索工具"图标，在打开的隐藏工具中可选择"多边形套索工具"，应用此工具在图像中连续单击就可以创建相应的选区。

原始文件：随书资源\03\素材\05.jpg、06.jpg
最终文件：随书资源\03\源文件\使用"套索工具"选择并抠取图像.psd

步骤 01：打开随书资源\03\素材\05.jpg 素材图像，①单击工具箱中的"多边形套索工具"按钮 ，②在图像中单击，确定起点。

步骤 02：①在图像中连续单击，②当鼠标光标放置到起点位置时，单击鼠标左键，创建多边形选区，③按下 Ctrl+J 组合键，复制选区内的图像。

步骤 03：打开随书资源\03\素材\06.jpg 素材图像，将图像复制到刚复制的面膜图像下方，得到"图层 2"图层。

步骤 04：选择文字工具，在图像左侧输入所需的文字，并使用"矩形工具"在文字下方绘制矩形，修饰画面效果。

3.2.3 使用"磁性套索工具"创建选区

利用"磁性套索工具"可以快速选择边缘与背景反差较大的图像，反差越大，所选取的图像就越精确。在图像边缘位置单击并按住鼠标左键沿边缘进行拖动，鼠标光标移动的轨迹会自动创建带有锚点的路径，拖动的终点与起点位置重合时松开鼠标，即可创建闭合选区。

原始文件：随书资源\03\素材\07.jpg、08.jpg
最终文件：随书资源\03\源文件\磁性套索工具.psd

步骤 01：打开随书资源\03\素材\07.jpg 素材，选择"磁性套索工具"，在图像中单击并拖动。

步骤 02：使用"磁性套索工具"继续沿小狗边缘拖动，当终点与起点重合时，单击创建选区。

步骤 03：打开随书资源\素材\03\08.jpg 素材图像，将选区内的小狗拖动到新的背景图像中，执行"图层>图层样式>投影"菜单命令。

步骤 04：打开"图层样式"对话框，①输入投影"不透明度"为43%，②"角度"为90度，③"距离"为9像素，④"大小"为8像素。

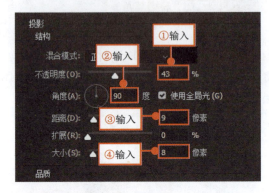

步骤 05：设置完成后单击"确定"按钮，返回至图像中，应用设置的"投影"选项，为小狗添加投影效果。

步骤 06：执行"图像>调整>亮度/对比度"菜单命令，打开"亮度/对比度"对话框，输入"对比度"为50，增加对比效果。

> **技巧提示**：应用"磁性套索工具"选取图像时，在边缘精确定义的图像上，可以使用更大的宽度和更高的边对比度，然后大致跟踪边缘；在边缘较柔和的图像上，则可以尝试使用较小的宽度和较低的边对比度，然后更精确地跟踪边缘。

3.3 魔棒工具组

利用魔棒工具组中的工具可以快速选择图像中的某个区域。在"魔棒工具组"中包含"快速选择工具"和"魔棒工具"2个工具，它们都是根据图像中的颜色区域来创建选区的，不同的是，"快速选择工具"根据画笔大小来确定选区范围，而"魔棒工具"则根据容差大小来确定选区范围。

3.3.1 使用"快速选择工具"添加剪影人像

使用"快速选择工具"可将图像中需要的区域快速选取出来，此工具以画笔的形式出现，在需要选取的图像上单击，即可创建选区，用户还可以根据需要选择的图像调整画笔笔触大小来控制选择的范围。

原始文件：随书资源\03\素材\09.jpg、10.jpg
最终文件：随书资源\03\源文件\使用"快速选择工具"添加剪影人像.psd

步骤 01：打开随书资源\03\素材\09.jpg 素材图像，选择"快速选择工具"，①在选项栏中设置画笔笔触大小为 30，②在人物上单击。

步骤 02：单击"快速选择工具"选项栏中的"添加到选区"按钮，在人物图像上连续单击，创建选区效果。

> **技巧提示**：应用"快速选择工具"在建立选区时，按右方括号键]可放大快速选择工具画笔笔尖的大小；按左方括号键[可缩小快速选择工具画笔笔尖的大小。

步骤 03：打开随书资源\03\素材\10.jpg 素材图像，把选区中的人物拖动到 10.jpg 素材图像上，得到"图层 1"图层。

步骤 04：执行"编辑>变换>水平翻转"菜单命令，水平翻转人像。

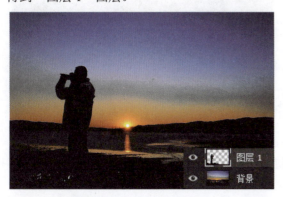

步骤 05：①按下 Ctrl 键并单击"图层 1"图层，载入人像选区，执行"选择>修改>收缩"菜单命令，②在打开的对话框中设置"收缩量"为 2 像素，③单击"确定"按钮，收缩选区。

步骤 06：执行"选择>反向"菜单命令，或按下 Ctrl+Shift+I 组合键，反选选区，按下 Delete 键，删除选区中的图像。

步骤 07：①为"图层 1"添加图层蒙版，选择"画笔工具"，②设置前景色为黑色，③在人物下方涂抹，将一部分图像隐藏。

步骤 08：按下 Ctrl 键不放，单击"图层 1"图层缩览图，再次将人物载入到选区中。

步骤 09：①单击"创建"面板中的"曲线"按钮，②在"属性"面板中单击并拖动曲线。

步骤 10：设置"曲线"后，在图像窗口中可查看到变暗后的人物图像。

3.3.2 使用"魔棒工具"快速选择图像

通过"魔棒工具"在图像中进行单击，选取颜色相似的图像。此工具适合于颜色单一的图像选取。使用"魔棒工具"创建选区时，利用容差值的大小来确定选择的范围，容差值越大，选择的范围就越广。

原始文件：随书资源\03\素材\11.jpg
最终文件：随书资源\03\源文件\使用"魔棒工具"快速选择图像.psd

步骤 01：打开随书资源\素材\03\11.jpg 素材图像，在图像窗口中显示打开后的图像。

步骤 02：选择"魔棒工具"，①在选项栏中设置"容差"为 80，②在图像中单击创建选区。

步骤 03：单击选项栏中的"添加到选区"按钮 ，在图像中连续单击，添加选区范围，选择更多的图像。

步骤 04：①单击"创建"面板中的"色彩平衡"按钮，②在"属性"面板中输入颜色值为+30、+96、−52。

  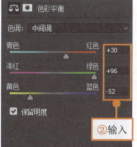

步骤 05：确认"色彩平衡"设置后，在图像窗口中可查看到调整色彩平衡和变换图像颜色后的效果。

3.4 图像选区的调整

在图像中创建选区后，为了得到更加满意的选区效果，可以对选区做进一步调整，如反选和取消选择、变换选区、应用"色彩范围"命令设置选区、羽化选区、存储和载入选区等。通过执行"选择"菜单下的菜单命令可以完成选区的快速调整，获得更加准确的选区效果。

3.4.1 反选和取消选择

在对图像进行编辑时，常会用到"反选"和"取消选择"两个命令。执行"反选"命令可以对选区进行反向操作，执行"取消选择"命令则可以取消选择画面中创建的选区。

原始文件：随书资源\03\素材\12.jpg
最终文件：随书资源\03\源文件\反选和取消选择.psd

步骤 01：打开随书资源\03\素材\12.jpg 素材，创建"背景 拷贝"图层，使用"磁性套索工具"在图像中创建选区。

步骤 02：执行"选择>反选"菜单命令，反向选取图像。

步骤 03：执行"图像>调整>去色"菜单命令，去除选区内图像的颜色。

步骤 04：执行"选择>取消选择"菜单命令，取消选区的选择。

3.4.2 使用"变换选区"命令调整选区范围

利用选区工具在图像中创建选区后，如需对选区的大小、角度进行变换，则可以执行"选择>变换选区"命令，在选区上出现一个矩形的变换编辑框，通过拖动编辑框边上的点，可对选区进行缩放、旋转、透视、斜切和扭曲操作。

原始文件：随书资源\03\素材\13.jpg
最终文件：随书资源\03\源文件\反选和取消选择.psd

步骤 01：打开随书资源\03\素材\13.jpg 素材图像，使用"椭圆选框工具"在图像中单击并拖动，创建选区。

步骤 02：执行"选择>变换选区"菜单命令，执行命令后，将在图像中显示变换编辑框。

步骤 03：将鼠标光标移至变换编辑框的一边，当光标变为双向箭头 ↕ 时，单击并拖动，可调整选区效果。

步骤 04：运用同样的方法，将鼠标光标移至编辑框的其他边线上，单击并拖动鼠标，变换选区，然后右击编辑框，在弹出的快捷菜单中执行"变形"命令。

步骤 05：单击并拖动编辑框上的点和控制手柄，调整选区范围，使调整后的选区贴合苹果外形。

步骤 06：调整完成后，按下 Enter 键，确认选区效果，按下 Ctrl+J 组合键，复制选区中的苹果图像，并将其移到合适的位置。

步骤 07：双击图层，打开"图层样式"对话框，设置"投影"样式，输入"不透明度"为 50%，"角度"为 41 度，"距离"为 24 像素，"大小"为 133 像素，单击"确定"按钮。

步骤 08：添加"投影"样式，右击图层下的样式名，①在弹出的快捷菜单中执行"创建图层"命令，分离图层和样式，②添加并编辑蒙版，为图像添加更自然的投影效果。

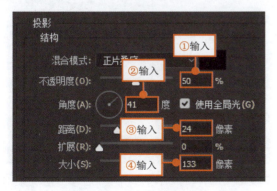

3.4.3 应用"色彩范围"创建选区后拼合图像

"色彩范围"命令可根据图像中的某一颜色区域进行选取，创建出选区。执行"选择>色彩范围"菜单命令，打开"色彩范围"对话框，在对话框中可看到以黑、白、灰三角显示的选择范围,其中白色为选中区域,灰色为半透明区域,黑色为未选中区域。

原始文件:随书资源\03\素材\14.jpg、15.jpg
最终文件:随书资源\03\源文件\"色彩范围"设置选区.psd

步骤 01:打开随书资源\素材\03\14.jpg 素材图像,①单击工具箱中的"吸管工具"按钮,②在图像中单击,取样颜色。

步骤 02:执行"选择>色彩范围"菜单命令,打开"色彩范围"对话框,①输入"颜色容差"为200,②单击"确定"按钮。

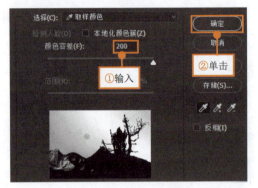

步骤 03:返回至图像窗口中,根据设置的"色彩范围"选项,在图像中创建选区,选中部分图像。

步骤 04:执行"选择>反选"菜单命令,或按下 Ctrl+Shift+I 组合键,反向选择图像。

步骤 05:按下 Ctrl+J 组合键,复制选区内的图像,打开"图层"面板,在"图层"面板中创建"图层 1"图层。

步骤 06:打开随书资源\03\素材\15.jpg 素材图像,选择"移动工具",将打开的 15.jpg 素材图像拖动至 14.jpg 图像中,并在"图层"面板中创建"图层 2"图层。

步骤 07:①执行"图层>排列>后移一层"菜单命令,将"图层 2"移至"图层 1"下方,②设置前景色为黑色,③添加图层蒙版,使用"画笔工具"在多余的图像上涂抹,编辑蒙版隐藏图像。

> **技巧提示**：在"色彩范围"对话框中，若要增加颜色，单击对话框右侧的"添加到取样"按钮，并在预览区域或图像中单击；若要移去颜色，则单击对话框右侧的"从取样中减去"按钮，并在预览区域或图像中单击。

3.4.4 使用"羽化选区"命令柔化选区边缘

"羽化"命令可以对已创建的选区的边缘进行柔化处理，使选区更加平滑、自然。执行"选择>修改>羽化"菜单命令，打开"羽化选区"对话框，在对话框中设置的"羽化半径"像素值越高，选区的边缘越光滑；反之，选区的边缘越趋近于原来选区的效果。

原始文件：随书资源\03\素材\16.jpg
最终文件：随书资源\03\源文件\"色彩范围"设置选区.psd

步骤 01：打开随书资源\素材\03\16.jpg 素材图像，单击"调整"面板中的"曲线"按钮，创建"曲线 1"调整图层。

步骤 02：打开"属性"面板，①在面板中单击并向上拖动曲线，②选择"蓝"选项，③单击并拖动曲线左下角的点。

 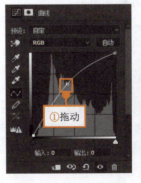 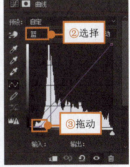

步骤 03：应用设置的曲线，调整图像的颜色，①单击工具箱中的"多边形套索工具"按钮，②在图像上单击，创建多边形选区。

步骤 04：执行"选择>修改>羽化"菜单命令，打开"羽化选区"对话框，①输入"羽化半径"为 240 像素，②单击"确定"按钮，羽化选区。

步骤 05：新建"颜色填充 1"调整图层，①在打开的"拾色器（纯色）"对话框中输入填充色为 R:249、G:169、B:92，②选择混合模式为"滤色"，③输入"不透明度"为 63%，应用设置的颜色填充选区效果。

3.5 选区的应用

在学习了选区的创建和编辑后，就需要应用选区来对图像做进一步的处理。在 Photoshop 中对选区图像运用的操作主要包括自由变换选区图像、复制和粘贴选区内的图像，以及对选区内的图像进行描边等。

3.5.1 自由变换选区图像

与选区相同，对于选区中的图像，也可以进行任意放大、缩小、拉伸、旋转等自由变换操作。在图像中创建选区后，执行"编辑 > 自由变换"菜单命令，出现一个变换编辑框，通过对编辑框进行变换操作，即可对选区内的图像进行自由变换设置。

原始文件：随书资源\03\素材\17.jpg
最终文件：随书资源\03\源文件\自由变换选区图像.psd

步骤 01：打开随书资源\素材\03\17.jpg 素材图像，①单击"矩形选框工具"按钮，②在保温杯文字上创建选区，选择图像。

步骤 02：按下 Ctrl+T 组合键，显示变换编辑框，将鼠标光标移到选区右上角位置，按下 Shift+Alt 组合键，并拖动调整选区内的图像。

步骤03：当拖动至一定的大小时，按下 Enter 键，确认变换效果，再按下 Ctrl+J 组合键，复制选区内的图像。

步骤04：双击"图层1"图层，打开"图层样式"对话框，设置"描边"样式，①设置"大小"为 40 像素，②颜色为白色，为图像添加描边效果。

3.5.2 复制和粘贴选区图像

对于选区内的图像，可以通过"拷贝"和"粘贴"命令进行快速复制和粘贴操作。在图像中创建选区，执行"编辑>拷贝"菜单命令，即可复制图像；执行"编辑>粘贴"菜单命令，或按下 Ctrl+V 组合键，可将复制的图像粘贴到新的图像中。

原始文件：随书资源\03\素材\18.jpg、19.jpg
最终文件：随书资源\03\源文件\复制和粘贴选区图像.psd

步骤01：打开随书资源\03\素材\18.jpg 素材图像，选中"磁性套索工具"，在选项栏中设置选项，然后沿人物边缘单击并拖动。

步骤02：继续拖动，创建选区，选中人物区域，执行"编辑>拷贝"菜单命令，或按下 Ctrl+C 组合键，复制选区内的图像。

步骤 03：打开随书资源\03\素材\19.jpg 素材图像，执行"编辑>粘贴"菜单命令，或按下 Ctrl+V 组合键，粘贴选区中的图像。

步骤 04：按下 Ctrl+T 组合键，打开自由变换编辑框，单击并拖动编辑框，调整复制人物的大小和位置。

3.5.3 填充和描边选区

在 Photoshop 中，运用"描边"命令可以在选区外添加轮廓线效果。执行"编辑>描边"菜单命令，打开"描边"对话框，在对话框中利用不同的选区来指定轮廓线的粗细、颜色、位置以及不透明度等。

原始文件：随书资源\03\素材\20.jpg
最终文件：随书资源\03\源文件\填充和描边选区.psd

步骤 01：打开随书资源\03\素材\20.jpg 素材图像，①单击工具箱中的"椭圆选框工具"，②按下 Shift 键不放，单击并拖动鼠标光标，绘制正圆形选区，③新建"图层 1"图层。

步骤 02：执行"编辑>描边"菜单命令，打开"描边"对话框，①在对话框中输入"宽度"为 15 像素，②颜色设置为 R:111、G:86、B:7，③单击"居外"按钮，④单击"确定"按钮。

步骤 03：应用设置的描边选项，对选区内的图像进行描边，在图像窗口中查看添加描边效果后的图像。

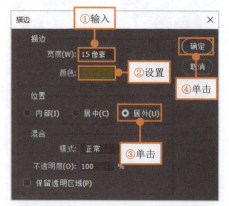

步骤 04：①执行"选择>反选"菜单命令，或按下 Ctrl+Shift+I 组合键，反选选区，②输入前景色为 R:228、G:223、B:206。

步骤 05：①新建"图层 2"图层，执行"编辑>填充"菜单命令，打开"填充"对话框，②"内容"选择"前景色"，③单击"确定"按钮。

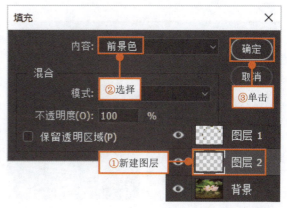

步骤 06：应用设置的前景色对选区进行描边，在图像窗口可查看描边后的效果，执行"滤镜>滤镜库"菜单命令。

步骤 07：在打开的对话框中选择"纹理化"滤镜，①选择"画布"纹理，②输入"缩放"为 200%，③"凸现"为 5，对图像应用纹理，④最后在图像左侧添加文字。

3.6　选取图像制作音乐节海报

在图像或图层中，当要选择画面中的某个区域时，要根据需要选择合适的选区创建工具来选取图像，然后将选取的图像添加至新背景中。在操作时可以对选取的图像进行色彩、明暗的调整，使图像的色彩更加融合。

原始文件：随书资源\03\素材\21.jpg ~24.jpg
最终文件：随书资源\03\源文件\选取图像制作音乐节海报.psd

步骤01：打开随书资源\03\素材\21.jpg素材图像，①单击"磁性套索工具"，②在选项栏中设置选项，③在图像中沿着人物边缘单击并拖动，创建选区，选择人物。

步骤02：①单击选项栏中的"从选区减去"按钮，②将鼠标光标移到人物中间的背景位置，单击并拖动鼠标，调整选区的范围。

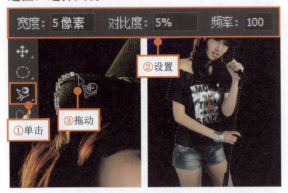
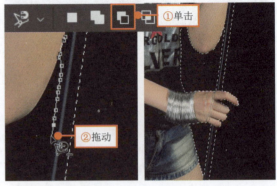

步骤03：执行"选择>修改>羽化"菜单命令，打开"羽化选区"对话框，①在对话框中输入"羽化半径"为1像素，②单击"确定"按钮，羽化选区。

步骤04：打开随书资源\03\素材\22.jpg素材图像，把打开的图像复制到人物下方，得到"图层1"图层，按下Ctrl+T组合键，打开变换编辑框，缩放人物图像。

步骤05：打开随书资源\03\素材\23.jpg素材图像，在打开的图像中复制人物图像下方，得到"图层"图层，①单击"椭圆选框工具"，②在选项栏中设置"羽化"值为240像素，③在图像中创建选区。

步骤 06：①单击"图层"面板中的"添加图层蒙版"按钮，为"图层 3"添加蒙版，②将"图层 3"的混合模式设置为"正片叠底"，混合图像。

步骤 07：选择"矩形选框工具"，①在选项栏中输入"羽化"值为 240 像素，②在图像中创建选区，③执行"选择>反选"菜单命令，反选选区。

步骤 08：①设置前景色为黑色，②新建"颜色填充 1"图层，应用设置的填充色填充选区，③按下 Ctrl+J 组合键，复制图层，创建"颜色填充 1 拷贝"图层，加深晕影。

步骤 09：打开随书资源\03\素材\24.jpg 素材图像，把打开的图像移动至人物图像上，得到"图层 4"图层，将"图层 4"的混合模式设置为"滤色"，混合图形。

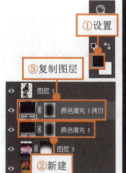

步骤 10：①按下 Ctrl 键不放，单击"图层 1"缩览图，载入人物选区，②执行"选择>反选"菜单命令，反选选区。

步骤 11：单击"图层"面板中的"添加图层蒙版"按钮，为"图层 4"图层添加蒙版，隐藏人物身上的光晕图像。

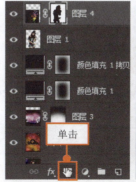

技巧提示：在"图层"面板中选中图层后，执行"选择>载入选区"菜单命令，打开"载入选区"对话框，在对话框中可以选择要载入的选区范围，并为选区指定不同的操作方式，选择更合适的对象范围。

步骤 12：①按下 Ctrl 键不放，单击"图层 1"缩览图，载入人物选区，②单击"调整"面板中的"亮度/对比度"按钮，新建"亮度/对比度 1"调整图层，③输入"亮度"为 36，④"对比度"为 8，提高选区中的人物亮度。

步骤 13：①按下 Ctrl 键不放，单击"图层 1"图层缩览图，载入人物选区，②单击"调整"面板中的"色相/饱和度"按钮，新建"色相/饱和度 1"调整图层，③输入"饱和度"为+27，调整选区中的人物颜色。

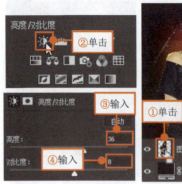

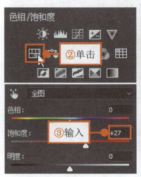

步骤 14：①单击"矩形工具"，②在选项栏中设置工具模式为"形状"，③填充颜色设置为 R:25、G:13、B:7，④在画面中绘制三个矩形图形。

步骤 15：选中"矩形 1"图层，将图层混合模式设置为"线性减淡（添加）"，混合图形和下方的图像。

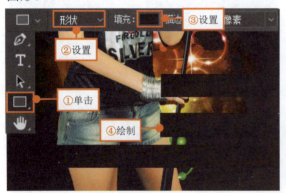
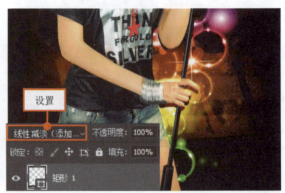

步骤 16：选择"横排文字工具"，打开"字符"面板，①在面板中设置字体为"方正姚体"，②字号为 130 点，③字符间距为 50，④文字颜色为白色，⑤在图像右侧输入所需文字。

步骤 17：双击文本图层，打开"图层样式"对话框，①设置混合模式为"变亮"，②颜色为 R:190、G:69、B:128，③"扩展"为 12%，④"大小"为 43 像素，单击"确定"按钮。

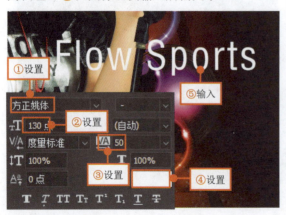
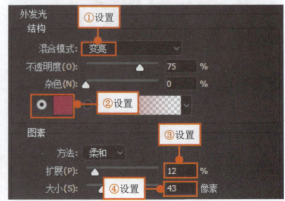

步骤 18：①按下 Ctrl 键不放，单击文字缩览图，载入选区，执行"选择>修改>扩展"菜单命令，打开"扩展选区"对话框，②输入"扩展量"为 5 像素，③单击"确定"按钮，扩展选区。

步骤 19：①新建"图层 5"图层，执行"编辑>描边"菜单命令，打开"描边"对话框，②设置"宽度"为 3 像素，③"颜色"为 R:176、G:106、B:120，④单击"居外"单选按钮。

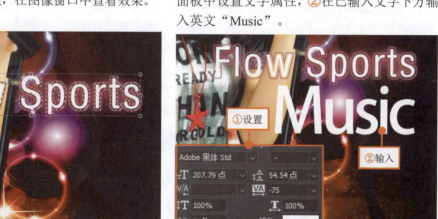

步骤 20：设置完成后单击"描边"对话框中的"确定"按钮，应用描边，在图像窗口中查看效果。

步骤 21：选择"横排文字工具"，①在"字符"面板中设置文字属性，②在已输入文字下方输入英文"Music"。

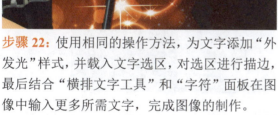

步骤 22：使用相同的操作方法，为文字添加"外发光"样式，并载入文字选区，对选区进行描边，最后结合"横排文字工具"和"字符"面板在图像中输入更多所需文字，完成图像的制作。

专家课堂

1. 如何对选区内的图像进行填充？

利用 Photoshop 中的"填充"命令对图像选区进行前景色、背景色以及图案等内容的填充。执行"编辑>填充"菜单命令，即可打开"填充"对话框，在对话框中根据图像需要选择填充方式，包括前景色、背景色的填充。同时，进行内容识别性填充，填充后，还可以为填充内容指定合适的模式,进行图案的叠加,具体操作步骤如下。

步骤01:在图像中运用选区工具创建选区,如下左图所示,然后执行"编辑> 填充"菜单命令,打开"填充"对话框。

步骤02:①在打开的对话框中选择填充内容为"图案",②在图案列表下选择其中一种图案,③单击"确定"按钮,填充图像,如下中图所示,效果如下右图所示。

 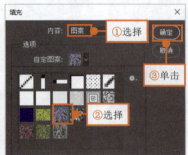 

2. 如何设置更精细的选区效果?

使用选区工具在图像中设置选区后,如果对选区范围不够满意,可以通过"调整边缘"对话框对创建的选区做进一步调整。选中选框工具后,单击选项栏中的"调整边缘"按钮,即可打开"调整边缘"对话框,在对话框中可对选区的半径、羽化、对比度等进行设置,通过设置,将会得到更精细的选区效果,具体操作如下。

步骤01:打开图像,在图像中创建不规则选区,如下左图所示,单击选项栏中的"选择并遮住"按钮,打开"选择并遮住"工作区,如下右图所示。

步骤02:在"选择并遮住"工作区中,①运用工具箱中的工具调整选区边缘,如下左图所示,②在"属性"面板中设置对比度、移动边缘等选项,③在"输出设置"选项卡中选择输出方式,如下中图所示,设置后单击"确定"按钮,创建新图层,得到精细的图像,效果如下右图所示。

3. 怎样通过多种方法载入选区？

在 Photoshop 中编辑图像时，当在操作过程中有多个图层时，往往需要将某个图层中的对象载入选区中，然后对该选区内的对象进行编辑与设置。对于选区的载入，可以通过菜单命令和组合键方式来完成，具体方法如下。

方法一：在"图层"面板中选中需要载入的图层，执行"选择>载入选区"命令，将图层载入选区中。

方法二：选中需要载入的图层，按下 Alt 键的同时运用鼠标在"图层"面板中的图层缩览图上单击，将该图层中的图像载入选区。

4. 如何利用选区为图像添加晕影效果？

晕影是指因相机或者拍摄手法的问题造成照片四周有暗角，在实际处理图像的过程中为了营造图像的特殊氛围，旨在让照片变得更加生动、更有韵味而采用的常用处理图像的手法。

步骤 01：打开图像，选择"矩形选框工具"，在选项栏中输入"羽化"为 200 像素，然后在图像中创建选区，如下左图所示，按下 Ctrl+Shift+I 组合键，反选选区，如下右图所示。

步骤 02：①在"图层"面板中新建一个图层，打开"拾色器（前景色）"对话框，②将前景色设置为黑色，如下左图所示，按下 Alt+Delete 组合键，为选区填充颜色，即完成晕影的添加操作，如下右图所示。

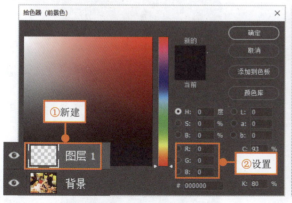 

第 4 章　图层的综合应用

图层如同堆叠在一起的透明纸，可以透过图层的透明区域查看到下面的图层，还可以移动图层来定位图层中的内容。在 Photoshop 中编辑图像就是对图层内容进行编辑。因此，了解并掌握图层的应用是非常有必要的。

4.1　图层的基础知识

图层是 Photoshop 中非常重要的功能之一，是处理图像信息的平台，承载了几乎所有的编辑操作。在 Photoshop 中所编辑的图像都是由图层组成的，这些图层都可以通过"图层"面板显示出来，通过"图层"面板可以完成图层的所有编辑与操作。

4.1.1　图层的分类

在 Photoshop 中，可以将图层分为背景图层、普通图层、调整图层、填充图层、文字图层和形状图层 6 大类，对于不同类型的图层，都有其独特的意义和创建方式。编辑图像时，最常见的图层主要包括普通图层、填充图层、调整图层和文字图层。

01 普通图层：对图像进行编辑的过程中常常需要创建图层，在默认情况下，创建图层均是指创建普通图层。在普通图层中可以设置图层的混合模式和不透明度。

02 调整图层：调整图层在图层上自带一个图层蒙版，通过在图像中创建调整图层，可以将图像转换为各种不同的色彩或色调效果。在"图层"面板中调整图层的缩略图默认显示为白色。

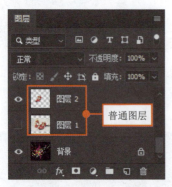

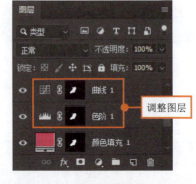

03 填充图层：填充图层包括"颜色填充"图层、"渐变填充"图层和"图案填充"图层 3 种，应用填充图层可以为图像填充纯色、渐变颜色或图案效果。

04 文字图层：在打开的图像中运用文字工具输入文字后，在"图层"面板中即会创建对应的文本图层。文字图层有其特殊性，若需要对其应用滤镜，则必须将其转换为普通图层。

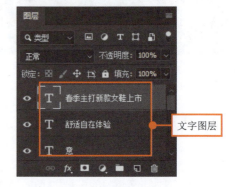

4.1.2 筛选图层

"图层"面板列出了图像中的所有图层、图层组和图层效果,而这些图层均具有不同的属性。在 Photoshop 中,可以利用"图层"面板提供的筛选功能,根据不同的类型选择图层、名称、属性等,以便在图层较多时仅显示其属性和搜索内容一致的图层。

原始文件:随书资源\04\素材\01.psd
最终文件:无

步骤 01:打开随书资源\04\素材\01.psd 素材文件,在图像窗口中显示打开的图像。

步骤 02:执行"窗口>图层"菜单命令,打开"图层"面板,在默认情况下,在"图层"面板中显示了当前图层的所有图层。

步骤 03:在"图层"面板中直接单击右侧的"调整图层过滤器"按钮 ,即可在"图层"面板中只显示所有调整图层。

步骤 04:在"图层"面板中直接单击右侧的"像素图层过滤器"按钮 ,即可在"图层"面板中只显示所有像素图层。

4.1.3 创建新图层/图层组

在"图层"面板中可以完成各种不同类型的图层的创建。Photoshop 中可以分别应用图层面板中的按钮、图层菜单和"图层"面板扩展菜单来创建图层或图层组。

原始文件:随书资源\04\素材\02.jpg
最终文件:随书资源\04\源文件\创建新图层/图层组.psd

步骤 01:打开随书资源\04\素材\02.jpg 素材图像,打开"图层"面板,单击面板右下角的"创建新图层"按钮 ,单击该按钮后,在"图层"面板中将会创建"图层 1"图层。

步骤 02：①在工具箱中将前景色设置为白色，按下 Alt+Delete 组合键，将新建的"图层 1"图层填充为白色，②将混合模式选择为柔光，提亮画面。

步骤 03：执行"图层>新建>图层"菜单命令，打开"新建图层"对话框，①在对话框中设置颜色为"紫色"，②"模式"为叠加，③"不透明度"为 50%，④单击"确定"按钮。

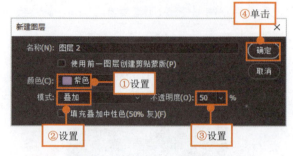

步骤 04：根据设置的选项，在"图层"面板中创建"图层 2"图层，①设置前景色为 R:254、G:252、B:210，②按下 Alt+Delete 组合键，填充图层。

步骤 05：选中"图层 1"和"图层 2"图层，单击"图层"面板中的"创建新组"按钮，创建图层组，并将这两个图层添加到图层组中。

4.1.4 复制图层

在 Photoshop 中对图像进行编辑时，常常需要将图层复制并应用于不同的操作，因此，复制图层是"图层"面板中最常用的操作之一。图层的复制操作可以在一个图像中进行，也可以在多个图像之间进行。

原始文件：随书资源\04\素材\03.jpg、04.jpg
最终文件：随书资源\04\源文件\复制图层.psd

步骤 01：打开随书资源\04\素材\03.jpg 素材图像，①选择需要复制的"背景"图层，②将其拖动至"创建新图层"按钮。

步骤 02：松开鼠标后，即可将选择的图层复制，得到"背景 拷贝"图层，将图层混合模式设置为"滤色"，提亮图像。

步骤 03：打开随书资源\04\素材\04.jpg 素材图像，①选择工具箱中的"移动工具"，②在图像窗口中单击并拖动鼠标光标到另一个图像窗口中。

步骤 04：松开鼠标后，即可将当前所选图层复制到另一个图像中，得到"图层 1"图层，同样设置混合模式为"滤色"效果。

4.1.5 重命名图层/图层组

在默认情况下，新建的图层是以"图层 1""图层 2""图层 3"的顺序依次进行排列的。在实际操作中，为了更好地区分各图层中的内容，可以对图层的名称进行更改。若要对图层进行重命名操作，只需要双击所要重命名的图层，然后重新输入名称即可。

原始文件：随书资源\04\素材\05.psd
最终文件：随书资源\04\源文件\重命名图层/图层组.psd

步骤 01：打开随书资源\04\素材\05.psd 素材文件，打开"图层"面板，在"图层"面板中单击选中所要重新命名的图层。

步骤 02：①双击所要重新命名的图层名，在图层名上出现可输入内容的文本框，②在文本框中输入新的图层名称。

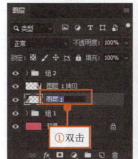 

步骤 03：输入完成后，①单击"图层"面板中的空白区域，完成图层的重命名操作，②用同样的方法，输入上方图层的名称。

步骤 04：①在"图层"面板中双击"组 1"，在组名上出现可输入内容的文本框，②输入新的组名即可对图层组重命名。

4.2 图层组的编辑和应用

图层组是在"图层"面板中把相似的图像捆绑为文件夹形态的一项功能。在制作一个作品时，图层的个数往往会有几十个甚至上百个，这就需要通过图层组来对图层进行管理，利用图层组可以轻松地控制图层组中包括的图层图像。

4.2.1 图层组中图层的移入和移出

在"图层"面板中创建图层组以后，可以向该组中添加图层，同时也可将该组中的图层从图层组中移出。在将图层移入或移出图层组时，应注意图层的排列顺序，否则可能影响图像效果。

原始文件：随书资源\04\素材\06.psd
最终文件：随书资源\04\源文件\图层组中图层的移入和移出.psd

步骤 01：打开随书资源\04\素材\06.psd 素材图像，在"图层"面板中按住 Ctrl 键不放，再单击，可同时选中多个图层。

步骤 02：将选中的图层拖动至要拖入的图层组上，松开鼠标，将图层移入图层组。

步骤 03：在"图层"面板中单击最上方的一个图层。

步骤 04：选中图层后，单击并向图层组外拖动，松开鼠标后，即可将所选图层移出图层组。

> **技巧提示**：若要在"图层"面板中选择连续的几个图层，只需要按下 Shift 键，单击开始和结束位置的两个图层；若要选择不连续的多个图层，则按下 Ctrl 键，依次单击需要选择的图层。

4.2.2 合并图层组

通过"合并图层"命令可将图层组中的所有图层合并为一个图层，并自动以组名称进行显示。图层组的合并可以通过执行"图层"面板下的"合并组"命令完成，也可以通过快捷菜单完成。

原始文件：随书资源\04\素材\07.psd
最终文件：随书资源\04\源文件\合并图层组.psd

步骤 01：打开随书资源\04\素材\07.psd 素材图像，在"图层"面板中单击需要合并的图层组。

步骤 02：①单击"图层"面板右上角的扩展按钮，打开"图层"面板菜单，②在该菜单下执行"合并组"命令。

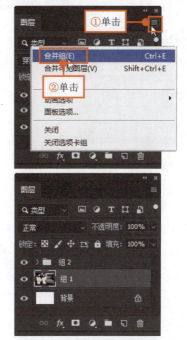

步骤 03：将选择的图层组中的图层合并为一个图层，在"图层"面板中查看合并图层组后的效果。

4.3 编辑图层

图层的应用不仅仅表现在简单的图层、图层组的创建上，更多时候还需要对图层做更深入的编辑，例如，合并图层、盖印图层以及通过图层的自动对齐功能合成图像等。

4.3.1 合并图层

通过图层的合并命令可将多个图层合并为一个图层，即将不同图层中的图像合并成为一个图像。选择要合并的图层后，可在"图层"菜单下执行"向下合并""合并可见图层"和"拼合图像"3 个命令来完成图层的合并。

1. 向下合并

"向下合并"命令是将当前选中的图层与其下方的一个图层合并，合并图层后，将以下方图层名对合并后的图层进行命名操作。

原始文件：随书资源\04\素材\08.psd
最终文件：随书资源\04\源文件\向下合并图层.psd

步骤 01：打开随书资源\04\素材\08.psd 素材文件，打开"图层"面板，在"图层"面板中选择一个图层。

步骤02：①右击选中的图层，②在打开的快捷菜单下执行"向下合并"菜单命令。

步骤03：执行命令后，在"图层"面板中可以看到将选择的图层合并至下一图层中。

2. 合并可见图层

"合并可见图层"是将"图层"面板中除隐藏图层外的所有图层合并，并且在合并图层后，保留原图像中隐藏的图层。

原始文件： 随书资源\04\素材\08.psd

最终文件： 随书资源\04\源文件\合并可见图层.psd

步骤01：打开随书资源\04\素材\08.psd 素材文件，打开"图层"面板，在"图层"面板中选择一个图层。

步骤02：执行"图层>合并可见图层"菜单命令，将"图层"面板中所有的可见图层合并在一个图层中。

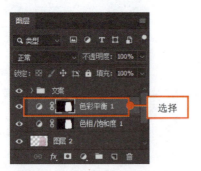
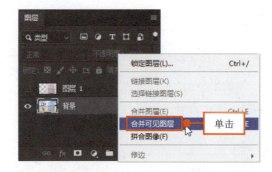

3. 拼合图像

"拼合图像"是将当前图像中的所有图层拼合到一个图层中，命名为"背景"图层。当图像中包含有隐藏图层时，执行"拼合图像"命令，将会弹出一个提示对话框，询问是否扔掉隐藏图层。

原始文件： 随书资源\04\素材\08.psd

最终文件： 随书资源\04\源文件\拼合图像.psd

步骤01：打开随书资源\04\素材\08.psd 素材文件，①在"图层"面板中任意单击一个图层，②执行"图层>拼合图像"菜单命令。

步骤02：打开"Adobe Photoshop"提示对话框，单击对话框中的"确定"按钮，扔掉隐藏的图层，将其他所有图层合并为一个图层。

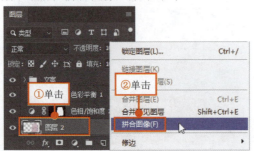

4.3.2 盖印图层

盖印图层是将当前所有显示图层中的图像效果合并到一个新的图层中，盖印图层时，将不会影响到图像原有的内容。

原始文件：随书资源\04\素材\09.psd
最终文件：随书资源\04\源文件\盖印图层.psd

步骤 01：打开随书资源\04\素材\09.psd 素材文件，打开"图层"面板，在面板中同时选中多个图层。

步骤 02：按下 Ctrl+Alt+E 组合键，即可盖印选中的多个图层，并将盖印后的图像放于新图层中。

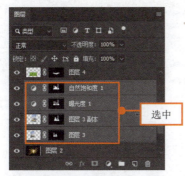
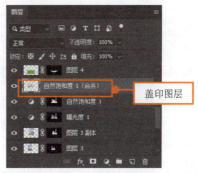

步骤 03：如果要盖印所有图层，则在"图层"面板中选中最上方的一个图层。

步骤 04：按下 Ctrl+Shift+Alt+E 组合键，盖印文件中所有可见的图层。

4.3.3 图层的自动对齐

"自动对齐图层"命令可以根据图层中的相似内容自动对齐图层，通过"自动对齐图层"命令可以替换或删除具有相同背景的图像部分，也可以将共享重叠内容的图像"缝合"在一起。图层的自动对齐操作必须是在两个或两个以上图层的基础上完成的。

原始文件：随书资源\04\素材\10.jpg、11.jpg
最终文件：随书资源\04\源文件\自动对齐图层.psd

步骤 01：执行"文件>新建"菜单命令，打开"新建"对话框，①在对话框中输入要新建的文件名称，②设置"宽度"为 22 厘米，③"高度"为 10 厘米，设置后单击"创建"按钮，新建文件。

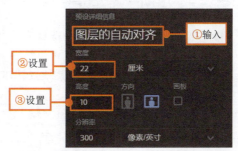

步骤 02：打开随书资源\04\素材\10.jpg、11.jpg素材图像，执行"窗口>排列>双联垂直"命令，显示打开后的图像。

步骤 03：使用"移动工具"将打开的两幅图像都拖动到新建的文件中，将图像调整至合适大小，在"图层"面板中得到"图层1"和"图层2"图层，同时选中两个图层。

步骤 04：执行"编辑>自动对齐图层"菜单命令，打开"自动对齐图层"对话框，选择默认的"自动"模式，勾选"晕影去除"复选框，单击"确定"按钮。

步骤 05：通过设置，系统对两幅图像重叠的部分进行对齐，使用"裁剪工具"在图像中单击并拖动，创建一个裁剪框。

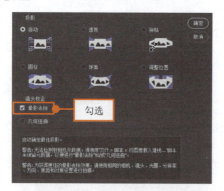

步骤 06：单击选项栏中的"提交当前裁剪操作"按钮，裁剪图像。

4.4 图层的混合模式和样式

在编辑图像时，常会为图层中的图像设置混合模式和样式。通过"图层"面板中的图层混合模式可以轻松创建图层混合效果，并且可以结合"不透明度"选项设置混合图像的透明度。除此之外，还可以利用"样式"面板或"图层样式"对话框为所选图层添加并应用各种丰富的样式。

4.4.1 使用"图层混合模式"制作唯美画面效果

图层混合模式用于设置图层之间的特殊混合效果，常用于图像合成特效的制作中。Photoshop将图层混合模式分为组合型、加深型、减淡型、对比型、比较型和色彩型6大类，利用"图层"

面板中的"设置图层混合模式"选项，可以选择并应用不同的混合模式。

原始文件： 随书资源\04\素材\12.jpg、13.jpg
最终文件： 随书资源\04\源文件\使用"图层混合模式"制作唯美画面效果.psd

步骤 01： 打开随书资源\04\素材\12.jpg 素材图像，显示打开后的图像，①选择"背景"图层，②将图层拖动至"创建新图层"按钮上。

步骤 02： 松开鼠标，复制图层，得到"背景 拷贝"图层，①设置混合模式为"叠加"，②"不透明度"为60%，增强对比效果。

步骤 03： 执行"图层>新建>图层"菜单命令，打开"新建图层"对话框，①设置模式为"滤色"，②"不透明度"为55%，③单击"确定"按钮，新建"图层1"图层。

步骤 04： 选择"渐变工具"，打开"渐变"拾色器，①在其中单击"蓝，红，黄渐变"，②从图像左上角向右下角拖动渐变颜色。

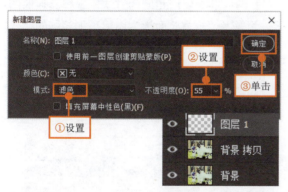

步骤 05： 打开随书资源\04\素材\13.jpg 文字素材，将打开的图像复制到12.jpg图像中，得到"图层2"图层，使用自由变换工具调整图层中的文字大小。

步骤 06： 选中文字所在的"图层2"图层，设置图层混合模式为"变暗"，将文字叠加于背景上，使用"横排文字工具"，在图像右侧添加其他文字，完善效果。

4.4.2 通过"样式"面板快速添加图层样式

使用"样式"面板可以选择 Photoshop 中预设的各种样式效果,包括抽象样式、按钮、摄影效果、文字效果等。执行"窗口>样式"菜单命令,即可打开"样式"面板,单击面板中的样式,就可以将该样式应用于选定的图像。

原始文件:随书资源\04\素材\14.psd
最终文件:随书资源\04\源文件\通过"样式"面板快速添加图层样式.psd

步骤 01:打开随书资源\04\素材\14.psd 素材图像,①单击"移动工具"按钮,②在图像中需要应用样式的图形上单击,选中该图形。

步骤 02:执行"窗口>样式"菜单命令,打开"样式"面板,单击面板中的"基本投影"样式,为选中的图形添加"基本投影"样式效果。

步骤 03:①单击另外一个图形,②单击"样式"面板中的"褪色照片(图像)"样式,为选中的图形添加样式效果。

步骤 04:继续使用相同的方法,选择其他的图形,并应用"样式"面板为图形添加相同的样式效果。

> **技巧提示**:在 Photoshop 中可以随意更改"样式"面板中的预设样式的显示方式。打开"样式"面板,单击面板右上角的扩展按钮,在展开的面板菜单中即可选择"纯文本、小缩览图"或"大缩览图、小列表"或"大列"等显示方式。

4.4.3 通过"图层样式"对话框给图像添加样式

对选中的图形或图像添加"样式"面板中的图层样式后,如果对样式效果不满意,还可以利用"图层样式"对话框,对应用的样式效果做进一步的编辑与调整。执行"图层>图层样式"菜单命令,即可打开"图层样式"对话框,在对话框中通过单击"样式"栏中的样式名,为图层添加样式。

原始文件：随书资源\04\素材\15.jpg
最终文件：随书资源\04\源文件\通过"图层样式"对话框给图像添加样式.psd

步骤 01：打开随书资源\04\素材\15.jpg 素材图像，复制"背景"图层，创建"背景 拷贝"图层。

步骤 02：①单击"图层"面板下方的"添加图层样式"按钮 fx，②在打开的菜单中执行"渐变叠加"命令。

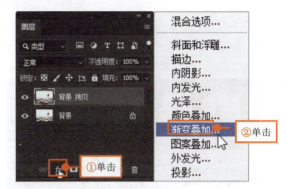

步骤 03：打开"图层样式"对话框，选中"渐变叠加"样式，①设置混合模式为"滤色"，②"不透明度"为100%，③选择"紫，橙渐变"，其他参数不变。

步骤 04：①单击对话框左侧的"描边"样式，展开"描边"选项卡，②设置"大小"为65像素，③选择位置为"内部"，④设置描边颜色为 R:255、G:254、B:237。

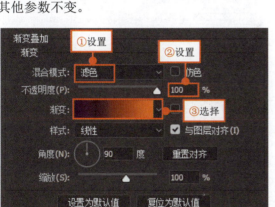

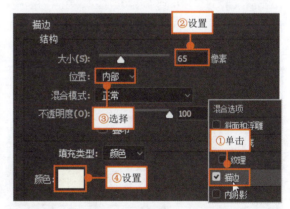

步骤 05：单击"确定"按钮，确认图层样式设置后，在图像窗口中可看到添加了样式后的效果。

步骤 06：创建一个"曲线 1"调整图层，在"属性"面板中选择"中对比度（RGB）"选项，增加对比效果。

4.4.4 复制和粘贴图层样式

在 Photoshop 中可以通过复制和粘贴的形式将创建的图层样式复制到指定的图层中。若要复制和粘贴图层样式，可以执行"拷贝图层样式"和"粘贴图层样式"命令来实现，也可以通过执行组合键菜单中的命令来完成。

原始文件：随书资源\04\素材\16.jpg
最终文件：随书资源\04\源文件\复制和粘贴图层样式.psd

步骤 01：打开随书资源\04\素材\16.jpg 素材图像，选择"横排文字工具"，在图像中输入文字，执行"图层>图层样式>投影"菜单命令。

步骤 02：打开"图层样式"对话框，①设置投影"不透明度"为 75%，②"距离"为 18 像素，③"大小"为 4 像素，其他参数不变。

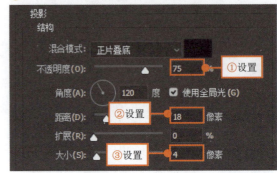

步骤 03：①单击"渐变叠加"样式，②设置从 R:255、G:255、B:0 到 R:147、G:4、B:8 的渐变颜色，③选择"径向"渐变样式，④设置"角度"为 150 度，⑤"缩放"为 150%。

步骤 04：设置完成后单击"确定"按钮，确认设置的图层样式选项，在图像窗口中可以看到添加"投影"和"渐变叠加"样式后的文字效果。

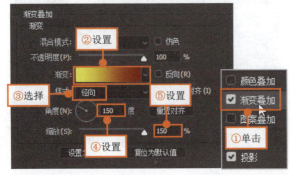

步骤 05：使用"横排文字工具"在图像中绘制文本框，然后在文本框中输入文字。

步骤 06：选择"PARTY"文字图层，①右击该图层下的图层样式，②在打开的菜单中执行"拷贝图层样式"命令。

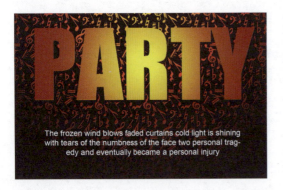

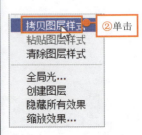

步骤 07：选中段落文字所在图层，①右击该图层，②在打开的快捷菜单中执行"粘贴图层样式"菜单命令。

步骤 08：通过执行命令，将设置的图层样式粘贴到下方的白色文字上。

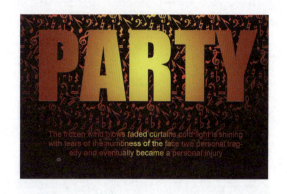

4.5 调整图层设置艺术化图像效果

在对图像进行艺术化处理时，通过转换图层色彩模式并创建调整图层更改图像的整体色调，再通过复制图像，为润色后的人物图像叠加光晕效果，将原本平淡的普通人像照片处理成具有艺术气息的图像效果，最后通过添加其他装饰元素，得到更完整的画面效果。

原始文件：随书资源\04\素材\17.jpg、18.jpg、19.psd ~21.psd
最终文件：随书资源\04\源文件\调整图层设置艺术化图像效果.psd

步骤 01：打开随书资源\素材\04\17.jpg 素材图像，执行"图像>模式>CMYK 颜色"菜单命令，将图像转为 CMYK 颜色模式。

步骤 02：①复制"背景"图层，创建"背景 拷贝"图层，②选择图层混合模式为"滤色"，③输入不透明度为 20%，提亮图像。

步骤 03：①单击"调整"面板中的"通道混合器"按钮，②在"属性"面板中选择"黄色"，③输入颜色比为 0%、0%、+5%、0%。

步骤 04：返回至图像窗口中，应用设置的"通道混合器"选项，变换图像色调。

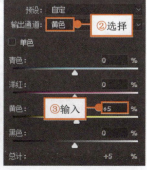

步骤 05：打开随书资源\04\素材\18.jpg 素材图像，然后将图像复制到人物图像上，得到"图层1"图层，按下 Ctrl+T 组合键，使用变换编辑框调整图像大小。

步骤 06：选择"图层 1"图层，①将"图层 1"的混合模式选择为"滤色"，②输入"不透明度"为 80%，在图像窗口中可看到图层混合模式下显示的效果。

步骤 07：选中"椭圆选框工具"，①在选项栏中输入"羽化"为 300 像素，②在图像中单击并拖动，绘制椭圆形选区。

步骤 08：按下 Shift+Ctrl+I 组合键，反选选区，单击"图层"面板底部的"添加图层蒙版"按钮，添加蒙版。

步骤 09：①单击"调整"面板中的"色阶"按钮，创建"色阶 1"调整图层，打开"属性"面板，②在面板中选择"中间调较暗"选项，降低中间调亮度。

步骤 10：选择"套索工具"，①输入"羽化"为 80 像素，②在图像中创建选区，创建"色彩平衡 1"调整图层，③在打开的"属性"面板中输入颜色值依次为 –6、+25、–12，修饰选区颜色。

步骤 11：①使用"快速选择工具"选中人物脸部与手部皮肤，执行"选择>修改>羽化"菜单命令，②在打开的对话框中输入"羽化半径"为 15 像素，③单击"确定"按钮，羽化选区。

步骤 12：创建"曲线 1"调整图层，打开"属性"面板，在面板中单击"曲线"下拉按钮，在展开的下拉列表中选择"较亮（RGB）"选项，提亮选区中的图像。

步骤 13：按下 Ctrl+Shift+Alt+E 组合键，盖印图层，打开随书资源\04\素材\19.psd 素材文件，将文字图案复制到人物图像上，得到"图层 3"图层。

步骤 14：双击图层，打开"图层样式"对话框，设置"渐变叠加"样式，①设置从 R:38、G:39、B:75 到 R:238、G:121、B:28 的颜色渐变，②选择"对称的"样式，③输入"角度"为 -70 度。

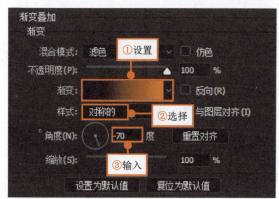

步骤 15：单击"投影"样式，①设置颜色为 R:215、G:79、B:151，②"不透明度"为 64%，③"角度"为 129 度，④"距离"为 11 像素，⑤"大小"为 3 像素，单击"确定"按钮，应用设置的图层样式。

步骤 16：在图像窗口查看应用样式效果，选择并复制"图层 3"图层，①创建"图层 3 拷贝"图层，②将此图层的混合模式设置为"变亮"，混合图像效果。

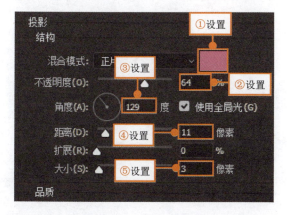

步骤 17：打开随书资源\04\素材\20.psd、21.psd 素材文件，将文件中的花瓣、气球图层移到处理好的文字上方，得到"图层 4"和"图层 5"图层，双击气球所在的"图层 4"图层。

步骤 18：打开"图层样式"对话框，①单击"颜色叠加"样式，②选择混合模式为"线性减淡（添加）"，③设置叠加颜色为 R:250、G:66、B:141，单击"确定"按钮。

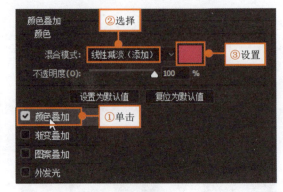

步骤 19：应用设置的"颜色叠加"样式，在气球上叠加颜色，将大红色的气球更改为粉红色效果，统一画面颜色。

步骤 20：选择"矩形工具"，①设置工具模式为"形状"，②填充色为 R:231、G:43、B:110，③绘制矩形图形，④双击"矩形 1"图层。

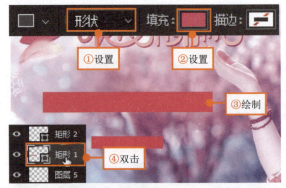

步骤 21：打开"图层样式"对话框，设置"投影"样式，①设置颜色为 R:215、G:79、B:151，②"距离"为 10 像素，③"大小"为 2 像素。

步骤 22：单击"确定"按钮，应用设置的图层样式，使用"横排文字工具"在图像上方输入所需文字，完善效果。

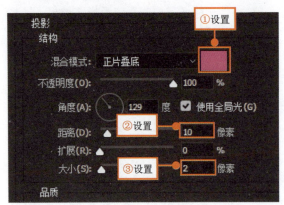

专家课堂

1. 如何进行图层的链接操作？

通过链接图层的方式可以将两个或两个以上的图层链接在一起。当需要对两个或两个以上图层中的对象同时进行编辑时，就需要将这些图层进行链接，链接图层后，对其中一个图层进行了编辑或修改，链接的其他图层也相应进行了同样的编辑和修改，具体操作步骤如下。

步骤01：①在"图层"面板中选中需要进行链接操作的图层，②单击面板下方的"链接图层"按钮 ，如下左图所示。

步骤02：单击按钮后可看到所选中图层被添加上链接图层，即表示选中的图层成为一组链接，如下右图所示。

2. 如何将预设的样式添加至"样式"面板？

在"样式"面板菜单下，提供了多种预设的样式，包括"抽象样式""按钮""虚线笔划"等。在编辑图像时，可以将这些样式载入到"样式"面板中，然后通过单击"样式"面板中的样式按钮，指定在图层对象上应用各种样式效果，预设样式的载入方法如下。

步骤01：打开"样式"面板，①单击面板右上角的扩展按钮 ，在打开的菜单下看到预设的样式，②单击其中一种样式，如下左图所示，打开"提示"对话框。

步骤02：在对话框中单击"追加"按钮，如下中图所示，即可将选择的样式添加至"样式"面板中，如下右图所示。

3. 怎样将图层样式创建为新图层？

在为图像添加图层样式后，对样式中的内容进行自由变换操作会不方便，此时可以将添加于图层下的样式通过分离的方式创建为一个新的图层。将图层中的样式创建为新图层后，可以使用任意工具对其进行编辑与设置，具体的操作步骤如下。

步骤01：①在"图层"面板中选中添加图层样式的图层，②右击该图层，在打开的菜单下执行"创建图层"命令,如下左图所示。

步骤 02:执行命令后,打开提示对话框,单击"确定"按钮,将原图层下方的样式自动创建为一个新的图层,并以样式名作为新图层的名称,如下中图和右图所示。

4. 怎样巧用图层更改衣服颜色?

更改物品颜色在设计中应用十分广泛,利用图层更改衣服颜色不仅可以帮助读者更好地理解图层,而且能快速地指定衣服替换的颜色。

步骤 01:打开图像后,使用"快速选择工具"选中画面中人物的衣服,并对选区进行适当的羽化处理,如下左图所示。

步骤 02:①单击"图层"面板下方的"创建新的填充或调整图层"按钮 ,②在打开的菜单中执行"纯色"命令,如下中图所示,创建"颜色填充 1"调整图层,打开"拾色器(纯色)"对话框,③在对话框中设置新的颜色,如下右图所示。

步骤 03:选中"颜色填充 1"调整图层,将该图层的混合模式选择为"颜色",即可变换衣服颜色,如下图所示。

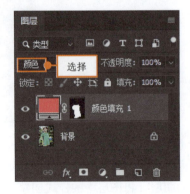

第 5 章　蒙版的应用

蒙版是 Photoshop 中的重要功能之一，主要用于遮盖和显示图层中的图像，常用于图像的合成操作。利用蒙版可以更加方便地编辑图像，制作出特殊的图像效果。蒙版的编辑与设置可通过"属性"面板中的蒙版选项来完成，结合"图层"面板可以直观地观看蒙版效果。

5.1　认识蒙版

蒙版就是在原来的图像上添加了一个看不见的图层，其作用就是显示或遮盖原来的图层。蒙版可以使原来图层部分的内容被遮盖住，在对图像操作时使这部分内容不会受影响。蒙版根据其作用可分为图层蒙版、矢量蒙版、快速蒙版和剪贴蒙版。

5.1.1　"属性"面板中的蒙版选项

在为图层中的图像添加像素蒙版或矢量蒙版后，可以打开"属性"面板，在面板中通过设置浓度、羽化和颜色范围等选项，对蒙版进行调整，也可以选择停用/启用蒙版等。

原始文件：随书资源\05\素材\01.jpg
最终文件：随书资源\05\源文件\"属性"面板中的蒙版选项.psd

步骤 01：打开随书资源\05\素材\01.jpg 素材图像，在图像窗口中查看未添加蒙版时的效果。

步骤 02：①复制"背景"图层，创建"背景 拷贝"图层，②单击"图层"面板中的"添加图层蒙版"按钮 。

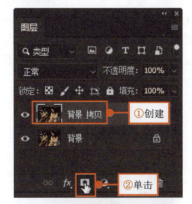

步骤 03：为"背景 拷贝"图层添加图层蒙版，双击"图层"面板中的蒙版缩览图，即可展开"属性"面板，在面板中显示可以设置的蒙版选项。

5.1.2　蒙版的分类

蒙版根据其作用可分为图层蒙版、矢量蒙版、快速蒙版和剪贴蒙版。由于蒙版作用的不同，所以在蒙版的创建方法上也有所区别。无论创建何种类型的蒙版，都可以通过"图层"面板直观地显示出来，同时可以利用"图层"面板来查看创建的蒙版效果。

原始文件：随书资源\05\素材\02.psd
最终文件：无

01 图层蒙版：图层蒙版也称为像素蒙版，是最常用的蒙版类型。图层蒙版将不同的灰度值转换为不同的透明度，并作用于它所在的图层，使图层不同部分的透明度产生相应的变化。在图层蒙版中，黑色为完全不透明，即遮盖区域，白色为完全透明，即显示区域，介于白色和黑色之间的灰色为半透明效果。

02 矢量蒙版：矢量蒙版是应用所绘制的路径来显示出图像效果，它与分辨率无关，对矢量蒙版中的图形进行任意缩放都不会影响图像效果。使用"钢笔工具"或形状工具在矢量蒙版中绘制，就可以生成沿路径变化的特殊形状效果。添加矢量蒙版后，在"路径"面板中将会显示相应的路径形状。

03 剪贴蒙版：剪贴蒙版通过使用位于下方图层的形态来限制上方图层的显示状态，达到一种剪贴画效果。创建剪贴蒙版至少需要两个图层，位于最下方的图层为基底层，位于其上方的图层叫作剪贴层，基底层只有一个，剪贴层可有多个。

04 快速蒙版：快速蒙版可以将图像中的任意选区作为蒙版进行编辑，主要用来创建选区抠取图像。在图像中创建选区后，可以利用快速蒙版模式在该区域中添加或减去区域以创建蒙版。双击工具箱中的"以快速蒙版模式编辑"按钮，则可以打开"快速蒙版选项"对话框，在对话框中对蒙版选项进行设置。

5.2 蒙版的基本操作

在了解图层蒙版的作用以及蒙版的分类后，就可以对蒙版做一些简单的操作，如创建和删除蒙版、停用/启用蒙版、复制蒙版等。在 Photoshop 中蒙版的基本操作都可以通过"图层"面板和"属性"面板来完成。

5.2.1 创建蒙版

在Photoshop中包括了多种不同类型的蒙版，这些功能因其属性的不同，其创建的方法也有一定的区别。在编辑图像时，用户可以根据需要选择合适的方法来创建图层蒙版、矢量蒙版以及剪贴蒙版等。

1. 创建图层蒙版合并图像

图层蒙版是最为常用的蒙版。图层蒙版的创建方法非常简单，只需要单击"图层"面板中的"添加图层蒙版"按钮或执行"图层>图层蒙版"菜单命令就可以为"图层"面板中选中的图层添加图层蒙版。

原始文件：随书资源\05\素材\03.jpg、04.jpg
最终文件：随书资源\05\源文件\利用"图层蒙版"为图像添加投影.psd

步骤 01：打开随书资源\05\素材\03.jpg、04.jpg素材图像，将03.jpg鞋子图像复制到04.jpg背景图像中，创建"图层1"图层。

步骤 02：①单击"钢笔工具"按钮，②在选项栏中选择"路径"工具模式，③沿鞋子图像边缘绘制工作路径。

步骤 03：按下Ctrl+Enter组合键，将路径转换为选区，单击"图层"面板中的"添加图层蒙版"按钮，为"图层1"图层添加图层蒙版，将选区外的图像隐藏。

步骤 04：①按住Ctrl键不放，单击"图层1"蒙版缩览图，载入蒙版选区，②单击"调整"面板中的"色阶"按钮，创建"色阶1"调整图层，③输入数值0、1.20、238，调整图像。

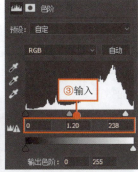

步骤 05：①同时选中"图层1"和"色阶1"图层，②按下Ctrl+Alt+E组合键，盖印选中图层，得到"色阶1（合并）图层。

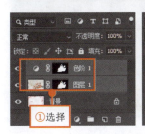

步骤06：①执行"编辑>变换>垂直翻转"菜单命令，垂直翻转图像，②调整翻转后的图像的位置，并对其进行适当旋转，按下 Enter 键，应用变换效果。

步骤07：①执行"图层>图层蒙版>显示全部"菜单命令，创建图层蒙版并显示图层中的全部图像，选择"渐变工具"，②单击"黑，白渐变"，③从图像下方往上拖动渐变。

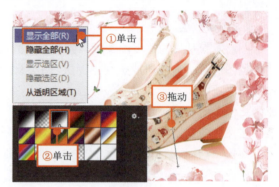

步骤08：编辑图层蒙版后，使用"横排文字工具"在图像左侧输入所需的文字，并根据版面，调整文字的字体、颜色等，完成本案例的制作。

2. 创建快速蒙版

快速蒙版可以将图像中的任意区域转换为选区。单击工具箱中的"以快速蒙版模式编辑"按钮，就可以进入快速蒙版编辑状态，这时使用画笔、渐变工具都可以对其进行编辑，编辑完成后，退出快速蒙版状态，蒙版区域外的部分将被添加到选区中。

原始文件：随书资源\05\素材\05.jpg
最终文件：随书资源\05\源文件\创建快速蒙版.psd

步骤01：打开随书资源\05\素材\05.jpg 素材文件，复制图层，创建"背景 拷贝"图层，查看画面效果。

步骤02：隐藏背景图层，①单击工具箱中的"以快速蒙版编辑"按钮，进入快速蒙版编辑状态，②使用"柔边圆"画笔涂抹。

步骤 03：执行"滤镜>像素化>彩色半调"菜单命令，打开"彩色半调"对话框，①输入"最大半径"为100像素，②单击"确定"按钮。

步骤 04：应用设置的"彩色半调"滤镜，在图像窗口中查看应用滤镜后的图像效果。

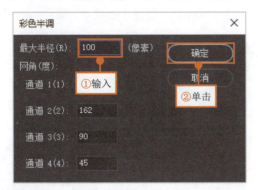

步骤 05：单击工具箱中的"以标准模式编辑"按钮，退出快速蒙版编辑状态，创建选区。

步骤 06：①按下 Ctrl+Shift+I 组合键，反选选区，②单击"图层"面板中的"添加图层蒙版"按钮，添加图层蒙版。

步骤 07：①单击"背景"图层前的"指示图层可见性"图标，隐藏"背景"图层，②在"背景"图层上方新建"图层1"图层。

步骤 08：设置前景色为白色，按下 Alt+Delete 组合键，将图层填充为白色，使用"横排文字工具"添加文字。

3. 创建剪贴蒙版

剪贴蒙版也称剪贴组，由基底层和剪贴层组成。在 Photoshop 中可以通过执行"创建剪贴蒙版"命令来创建剪贴蒙版，也可以通过一种快捷方式来完成，即按下 Alt 键不放，在需要创建剪贴蒙版的两个图层中间出现图标后单击，以创建剪贴蒙版。

原始文件：随书资源\05\素材\06.psd、07.jpg ~10.jpg

最终文件：随书资源\05\源文件\使用剪贴蒙版制作相册.psd

步骤 01：打开随书资源\05\素材\06.psd 素材文件，选择"魔棒工具"，①在选项栏中设置"容差"为 10，②在图像中单击创建选区。

步骤 02：按下 Ctrl+J 组合键，复制选区内的图像，打开随书资源\05\素材\07.jpg 人物图像，将其拖动到相册中，创建"图层 2"图层。

步骤 03：选中"图层 2"图层，执行"图层>创建剪贴蒙版"菜单命令，创建剪贴蒙版，隐藏多余的人物图像。

步骤 04：选中"背景"图层，继续使用"魔棒工具"单击图像中的其他相框区域，创建选区，并复制出更多的选区图像。

步骤 05：打开随书资源\05\素材\08.jpg ~10.jpg 人物图像，将打开的人物图像复制到相册中，并将其调整至合适的大小。

步骤 06：将鼠标光标移到"图层 3"和"图层 6"中间位置，按下 Alt 键并单击，创建剪切蒙版，继续用相同方法创建剪贴蒙版，完成相册的制作。

4. 创建矢量蒙版

矢量蒙版与分辨率无关，它是从图层内容中剪下来的路径。在 Photoshop 中，要创建矢量蒙版，可以按下 Ctrl 键并单击"图层"面板中的"添加图层蒙版"按钮进行创建，也可以执行"图层>矢量蒙版"菜单命令进行创建。

原始文件：随书资源\05\素材\11.jpg、12.jpg
最终文件：随书资源\05\源文件\创建矢量蒙版.psd

步骤 01：打开随书资源\05\素材\11.jpg、12.jpg 素材图像，将 11.jpg 化妆品图像复制到 12.jpg 背景图像中，创建"图层 1"图层。

步骤 02：①单击"钢笔工具"按钮，②在选项栏中选择"路径"工具模式，③沿化妆品图像边缘绘制工作路径。

步骤 03：执行"图层>矢量蒙版>当前路径"菜单命令，根据当前绘制的路径创建矢量蒙版，隐藏路径外的背景图像。

步骤 04：①按下 Ctrl 键不放，单击"图层 1"蒙版缩览图，载入蒙版选区，创建"色阶 1"调整图层，②输入色阶值为 38、1.00、232。

步骤 05：①继续设置"色阶"选项，在"属性"面板中选择"蓝"选项，②输入色阶值为 23、1.12、255，调整图像颜色。

5.2.2 应用蒙版

通过"应用蒙版"功能可以将编辑后的蒙版直接应用到当前图层中，即把蒙版与图层中的图像合并。当对图层蒙版进行编辑后，如果不需要再对蒙版进行修改，就可以对蒙版进行应用。在 Photoshop 中，可以右击"图层"面板中的蒙版缩览图，在打开的菜单下执行"应用图层蒙版"命令，应用蒙版，也可以单击"属性"面板中的"应用蒙版"按钮。

原始文件：随书资源\05\素材\13.psd
最终文件：随书资源\05\源文件\应用蒙版.psd

步骤 01：打开随书资源\05\素材\13.psd 素材文件，在"图层"面板中选中添加图层蒙版的图层，然后双击蒙版缩览图。

步骤 02：打开"属性"面板，单击"属性"面板底部的"应用蒙版"按钮，应用图层蒙版，即将蒙版与图层中的图像合并为一个图层。

5.2.3 停用/启用蒙版

对于已添加蒙版的图像，如果需要查看原图像的效果，就可以利用"属性"面板中的"停用/启用蒙版"功能来暂时隐藏蒙版，返回未使用蒙版前的效果，也可以通过执行"停用图层蒙版"或"启用图层蒙版"命令进行操作。

原始文件：随书资源\05\素材\14.psd
最终文件：随书资源\05\源文件\停用/启用蒙版.psd

步骤 01：打开随书资源\05\素材\14.psd 素材文件，打开"图层"面板，在面板中选中添加蒙版的图层，然后双击蒙版缩览图。

步骤 02：打开"属性"面板，单击面板下方的"停用/启用蒙版"按钮，在蒙版上出现一个红色的叉，表示停用蒙版。

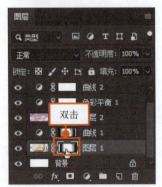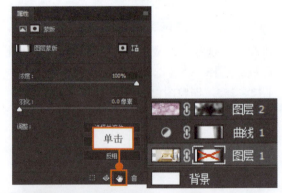

步骤 03：在"图层"面板中选中图层蒙版，①右击该蒙版缩览图，②在打开的快捷菜单下执行"停用图层蒙版"命令。

步骤 04：停用蒙版，若要重新启用蒙版，①右击蒙版缩览图，②在打开的快捷菜单下执行"启用图层蒙版"命令。

步骤 05：重新启用蒙版后，在蒙版上的红色的叉被去除，表示已重新启用蒙版。

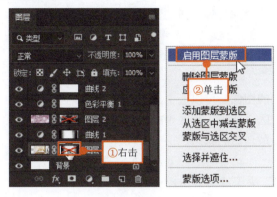
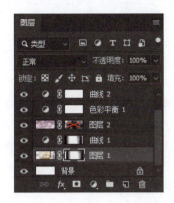

5.2.4 复制蒙版

在进行图像的合成应用中，常会遇到图层蒙版的复制操作。在 Photoshop 中不仅可以对图层和通道进行复制，同样也可以对图层蒙版进行复制。

原始文件：随书资源\05\素材\15.psd
最终文件：随书资源\05\源文件\复制蒙版.psd

步骤 01：打开随书资源\05\素材\15.psd 素材文件，在"图层"面板中单击图层蒙版缩览图。

步骤 02：按下 Alt 键不放，拖动蒙版缩览图至需要添加图层蒙版的图层上。

步骤 03：松开鼠标，打开提示对话框，单击对话框中的"是"按钮。

步骤 04：复制图层蒙版，对"色相/饱和度 1"图层也设置相同的蒙版效果。

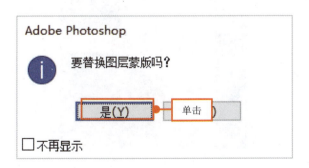

5.3 蒙版的高级应用

创建图层蒙版后，利用"属性"面板中的调整选项可以对蒙版做进一步的设置，包括对蒙版边缘进行设置、从颜色范围设置蒙版、反相蒙版以及合并与释放剪贴蒙版等，通过对蒙版的进一步设置，从而更好地应用蒙版效果。

5.3.1 设置"选择并遮住"来无缝拼接图片

在利用图层蒙版抠取图像时，为了得到更精细的图像，可以选中蒙版，单击"属性"面板中的"选择并遮住"按钮，打开"选择并遮住"工作区，利用工具区中的工具和属性设置来调整蒙版边缘以及输出编辑后的图像，将蒙版边缘调整至最理想的状态。

原始文件：随书资源\05\素材\16.jpg、17.jpg
最终文件：随书资源\05\源文件\设置"选择并遮住"来无缝拼接图片.psd

步骤01：打开随书资源\05\素材\16.jpg 素材图像，①复制"背景"图层，创建"背景 拷贝"图层，②使用"磁性套索工具"在人物边缘位置单击并拖动，创建选区。

步骤02：①单击"图层"面板下方的"添加图层蒙版"按钮，添加像素蒙版，②双击"图层"面板中的蒙版缩览图，打开"属性"面板，③单击"选择并遮住"按钮。

步骤03：打开"选择并遮住"工作区，①在工作区右侧的"属性"面板中设置"平滑"为99，②"羽化"为2.4像素，③"对比度"为40%，④"移去边缘"为–15%。

步骤04：①单击工具栏中的"调整边缘画笔工具"按钮，将画笔设置为合适的大小后，②在人物旁边位置涂抹绘制。

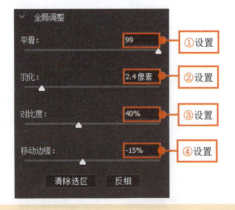

技巧提示：在图像中创建选区后，执行"选择>选择并遮住"菜单命令，同样可以打开"选择并遮住"工作区。

步骤 05：①在"输出设置"选项组中勾选"净化颜色"复选框，②"输出到"选择"新建图层"，③单击"确定"按钮，并根据设置的边缘选项调整蒙版边缘。

步骤 06：打开随书资源\05\素材\17.jpg 素材图像，将打开的图像拖动到人物图像下方，得到"图层 1"图层，按下 Ctrl+T 组合键，将图像设置为合适大小。

步骤 07：创建"色彩平衡 1"调整图层，打开"属性"面板，在面板中输入数值，调整图像颜色。

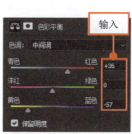 

5.3.2 通过"颜色范围"自然融合图像

利用"属性"面板中的"颜色范围"按钮可以选择图像中的颜色区域自动编辑蒙版，控制图像的隐藏和显示区域。为图像添加图层蒙版后，单击"属性"面板中的"颜色范围"按钮，即可打开"色彩范围"对话框，在对话框中选择颜色后，通过下方缩览图可看到被选中的色彩区域以黑色遮盖显示，即为蒙版遮盖区域。

原始文件：随书资源\05\素材\18.jpg、19.jpg
最终文件：随书资源\05\源文件\通过"颜色范围"自然融合图像.psd

步骤 01：打开随书资源\05\素材\18.jpg 素材图像，显示打开后的图像。

步骤 02：打开随书资源\05\素材\19.jpg 素材图像，将打开后的 19.jpg 图像复制到 18.jpg 图像上，在"图层"面板中创建"图层 1"图层。

步骤 03：选中"图层 1"图层，①执行"图层>图层蒙版>显示全部"菜单命令，为"图层 1"添加像素蒙版，②双击蒙版缩览图，以打开"属性"面板。

步骤 04：①单击"属性"面板中的"颜色范围"按钮，打开"色彩范围"对话框，②设置"颜色容差"为 200，③勾选"反相"复选框，④使用吸管工具单击天空位置，⑤单击"确定"按钮。

步骤 05：确认设置后，根据设置的色彩范围调整蒙版，将两幅图像融合在一起，①单击蒙版缩览图，②使用黑色的画笔涂抹下方，调整蒙版。

步骤 06：创建"色阶 1"调整图层，在打开的"属性"面板中输入色阶值为 26、0.89、209，根据设置的色阶修改颜色。

 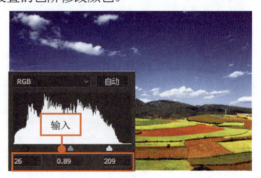

5.4 合成电影海报效果

在电影海报的设计中，常常需要将多个不同的场景或图像融合到一个画面中，在利用图层蒙版进行图像的合成时，可通过图像的显示和隐藏来进行混合，再结合调整命令对颜色进行设置，使图像的色调保持一致，最后利用文字的修饰，表现海报主题。

原始文件：随书资源\05\素材\20.jpg ~24.jpg

最终文件：随书资源\05\源文件\合成电影海报效果.psd

步骤 01：打开随书资源\05\素材\20.jpg 和 21.jpg 素材图像，执行"窗口>排列>双联垂直"菜单命令，以"双联垂直"排列方式显示打开的两幅图像。

步骤 02：使用"移动工具"把打开的 21.jpg 素材图像拖动到 20.jpg 素材中，创建"图层 1"，按下 Ctrl+T 组合键，打开变换编辑框，调整图像大小。

步骤 03：选中"背景"图层，①使用"吸管工具"在图像上单击，执行"选择>色彩范围"菜单命令，打开"色彩范围"对话框，②设置"颜色容差"为 200，调整选择范围。

步骤 04：在图像上根据设置的选择范围创建选区，显示"图层 1"图层，单击"图层"面板底部的"添加图层蒙版"按钮，添加图层蒙版。

步骤 05：添加图层蒙版，隐藏图像，选择"画笔工具"，设置前景色为黑色，使用"画笔工具"在蒙版上涂抹，隐藏图像。

步骤 06：按下 Ctrl+J 组合键，复制图层，得到"图层 1 拷贝"图层，①右击蒙版缩览图，②在展开的快捷菜单中执行"应用图层蒙版"命令。

步骤 07：应用图层蒙版，①执行"图像>调整>去色"菜单命令，去除图像颜色，②按下 Ctrl 键并单击"图层 1 拷贝"图层缩览图，载入选区。

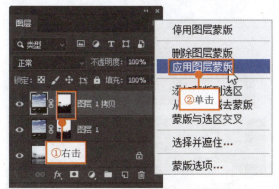

技巧提示：若要删除图层蒙版，而不将其应用于图层，可以单击"图层"面板中的蒙版缩览图，并单击面板底部的"删除图层"按钮，在弹出的提示对话框中单击"删除"按钮将其删除，删除蒙版不会影响原图像效果。

步骤 08：创建"色彩平衡 1"调整图层，①在"属性"面板中输入颜色为–50、+3、–7，②"色调"选择"阴影"，③输入颜色为+26、0、+35。

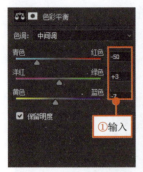
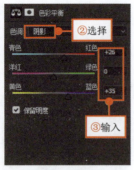

步骤 09：打开随书资源\05\素材\22.jpg 素材图像，使用"移动工具"把打开的图像拖动到已经编辑的图像的中间位置。

步骤 10：隐藏除当前图层外的所有图层，单击工具箱中的"吸管工具"按钮，在图像上单击，取样颜色。

步骤 11：执行"选择>色彩范围"菜单命令，打开"色彩范围"对话框，①设置"颜色容差"为200，②单击"确定"按钮，创建选区。

步骤 12：按下 Ctrl+Shift+I 组合键，反选选区，选中"图层 2"图层，单击"添加图层蒙版"按钮，为该图层添加蒙版。

步骤 13：单击"图层 2"蒙版缩览图，选择"画笔工具"，使用黑色的画笔涂抹图像，将多余的图像隐藏。

步骤 14：①按下 Ctrl 键不放，单击"图层 2"右侧的蒙版缩览图，载入选区，②单击"调整"面板中的"照片滤镜"按钮，创建"照片滤镜 1"调整图层，③选择"冷却滤镜（LBB）"选项。

步骤 15：再次载入选区，新建"选取颜色 1"调整图层，打开"属性"面板，①设置颜色百分比为+100%、-48%、0%、0%，②单击"绝对"单选按钮，调整图像。

步骤 16：打开随书资源\05\素材\23.jpg 素材图像，使用"移动工具"把打开的图像拖动到设置颜色后的图像上，创建"图层 3"图层，应用"变换"命令调整图像的大小和位置。

步骤 17：执行"选择>色彩范围"菜单命令，打开"色彩范围"对话框，①输入"颜色容差"为70，②勾选"反相"复选框，③使用"添加到取样"工具设置选择范围，④单击"确定"按钮。

步骤 18：①单击"图层"面板中的"添加图层蒙版"按钮，添加蒙版，②单击"图层 3"蒙版缩览图编辑蒙版，选择"画笔工具"，将需要显示的区域涂抹为白色，需要隐藏的部分涂抹为黑色。

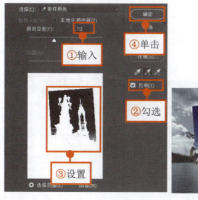

步骤 19：选中"图层 2"到"图层 3"图层之间的所有图层，①按下 Ctrl+Alt+E 组合键，盖印选定图层，②执行"编辑>变换>垂直翻转"菜单命令，翻转图像，③调整位置。

步骤 20：执行"滤镜>扭曲>波纹"菜单命令，打开"波纹"对话框，①输入"数量"为190%，②单击"确定"按钮。

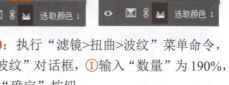

步骤 21：根据设置的"波纹"滤镜对图像进行扭曲处理，得到波纹效果，选中"图层3（合并）"图层，设置图层混合模式为"变暗"。

步骤 22：①为"图层3（合并）"图层添加蒙版，选择"渐变工具"，②单击"黑，白渐变"，单击"图层3（合并）"蒙版缩览图，③从图像下方往上拖动渐变效果。

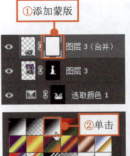 

步骤 23：创建一个新图层为"图层4"，①单击工具箱中的"默认前景色和背景色"按钮，恢复默认的前景色和背景色，②执行"滤镜>渲染>云彩"菜单命令，渲染云彩。

步骤 24：①选择图层混合模式为"滤色"，②输入不透明度为80%，为"图层4"添加图层蒙版，③选择"画笔工具"，将前景色设置为黑色，在图像上涂抹，隐藏一部分图像。

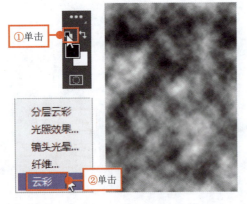

步骤 25：使用同样的方法，新建"图层5"图层，渲染云彩，更改混合模式并设置蒙版，得到更加自然的云雾效果。

步骤 26：打开随书资源\05\素材\24.jpg 素材图像，使用"快速选择工具"在小鸟上单击，创建选区。

步骤 27：单击工具箱中的"移动工具"，把选区中的小鸟图像拖动到处理好的背景中，使用"橡皮擦工具"擦除多余部分，按下 Ctrl+T 组合键，运用变换编辑框，调整图像。

步骤 28：连续按下 Ctrl+J 组合键，复制出多个小鸟图像，利用"变换"命令，对图像的大小和位置进行调整。

步骤 29：①单击"调整"面板中的"色彩平衡"按钮，新建"色彩平衡 1"调整图层，打开"属性"面板，②在面板中设置中间调颜色值为–37、3、15。

步骤 30：①选择"阴影"选项，②输入颜色值为–22、–10、–3，调整阴影部分的颜色，③选择"高光"选项，④输入颜色值为 0、0、–15，调整高光部分的颜色。

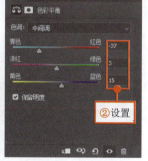
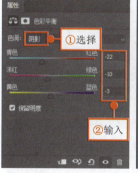

步骤 31：根据设置的"色彩平衡"选项，调整图像颜色，选中工具箱中的"矩形选框工具"，①在选项栏中设置"羽化"为 250 像素，②沿图像边缘绘制选区。

步骤 32：①按下 Ctrl+Shift+I 组合键，反选选区，单击"调整"面板中的"曲线"按钮，新建"曲线 1"调整图层，②在"属性"面板中单击并向上拖动曲线，调整选区明暗。

步骤33：应用设置的"曲线"调整图像的亮度，使选区中的图像变得更暗一些，按下 Ctrl+Shift+Alt+E 组合键，盖印所有可见的图层，在"图层"面板中生成"图层7"图层。

步骤34：执行"滤镜>渲染>光照效果"菜单命令，打开"光照效果"对话框，①将光源移动到指定位置，②输入"强度"为90，③"金属质感"为–99，④"环境"为11，单击"确定"按钮。

 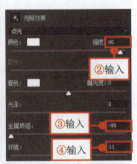

步骤35：为图像添加光照效果，选择"图层7"图层，将该图层的混合模式选择为"柔光"，混合图像。

步骤36：选中"矩形选框工具"，①设置"羽化"为250像素，②沿图像边缘绘制选区，③按下 Ctrl+Shift+I 组合键，反选选区。

步骤37：①按下 Ctrl+J 组合键，复制选区中的图像，得到"图层8"图层，②将"不透明度"设置为80%，新建"曲线2"调整图层，③选择"较暗（RGB）"选项。

步骤38：根据设置的曲线，调整图像的亮度，使图像变得更暗一些，选择"横排文字工具"，在图像中输入文字，完成本实例的制作。

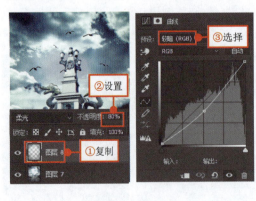

专家课堂

1. 如何将蒙版载入选区中？

在图像中添加图层蒙版后，可以将创建的蒙版区域添加至选区中。从蒙版载入选区即是根据蒙版的形状，沿着形状的边缘生成选区，然后将选区反映在图层上。在 Photoshop CC 2019 中，可以运用多种不同的方法从蒙版载入选区，具体操作方法如下。

步骤 01：打开"属性"面板，单击面板底部的"从蒙版中载入选区"按钮，如下左图所示，或单击"属性"面板右上角的扩展按钮，在打开的菜单下执行"添加蒙版到选区"命令，如下右图所示，将蒙版图像载入选区中。

 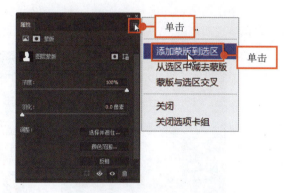

步骤 02：选择创建蒙版后的图层，①右击该图层的蒙版缩览图，②在打开的菜单中执行"添加蒙版到选区"命令，如下左图所示，将蒙版作为选区载入。

步骤 03：选择添加的图层蒙版，按下 Ctrl 键不放，单击该图层的图层蒙版缩览图，如下右图所示，同样可以载入蒙版选区。

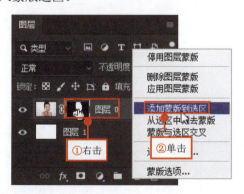 

2. 怎样运用渐变工具为蒙版设置渐隐效果？

为图层添加图层蒙版后，还可以应用工具箱中的工具对蒙版做进一步的编辑。使用工具箱中的工具编辑图层蒙版时，经常会使用到"渐变工具"，应用"渐变工具"可以在蒙版中制作出一种渐隐的效果，适用于各类图像的合成，具体操作步骤如下。

步骤 01：打开两幅素材图像，将打开的其中一幅图像复制到另一幅图像中，并在"图层"面板中创建一个对应的新图层，如下图所示。

步骤 02：①单击"图层"面板下方的"添加图层蒙版"按钮，如下左图所示；为图像添加蒙版，如下中图所示，选择"渐变工具"，②设置前景色为黑色，③在"渐变"拾色器中选择"从前景色到透明渐变"，④在图像中拖动，拖动后即可在蒙版中填充渐变效果，效果如下右图所示。

第 6 章　掌握通道的使用方法

通道是 Photoshop 中的重要功能之一。通道的功能非常强大，主要用来存储颜色信息和选择范围。通道的编辑可以利用"通道"面板来完成，例如通道的创建、复制、显示/隐藏等。此外，通过对通道图像进行调整，还能制作出特殊的合成效果。

6.1　了解通道

通道中包含了各种颜色信息，这些颜色信息综合后将其形成图像效果。通道主要用来存储图像颜色信息和选择范围。在应用通道进行图像的编辑前，认识通道是非常有必要的，下面将带领读者全面了解通道。

6.1.1　认识"通道"面板

在打开图像后，利用"通道"面板可以直观地查看图像的通道信息，并可通过面板所提供的快捷按钮对通道进行快速操作。在"通道"面板中可进行通道的复制、新建通道、将选区存储为通道等操作，也可以通过通道进行图像的抠取操作。

原始文件：随书资源\06\素材\01.jpg
最终文件：无

步骤 01：打开随书资源\06\素材\01.jpg 素材图像，执行"窗口>通道"菜单命令，打开"通道"面板。

步骤02：在"通道"面板中单击某个颜色通道，即可在图像窗口中显示该通道的灰度图像。

6.1.2　通道的分类

通道记录图像编辑后留下的颜色和选区信息，从而产生各种类型的通道。通道主要分为颜色通道、专色通道、临时通道和 Alpha 通道。

原始文件：随书资源\06\素材\02.psd
最终文件：无

01 颜色通道：在 Photoshop 中编辑图像时，实际上就是在编辑颜色通道，颜色通道是用来描述图像颜色信息的彩色通道，和图像的颜色模式有关。每个颜色通道都是一幅灰度图像，只代表一种颜色的明暗变化，例如，一幅 RGB 颜色模式的图像，其通道就显示为 RGB、红、绿、蓝 4 个通道。

02 专色通道：专色通道是一种特殊的通道，是保存专色信息的通道，即可以作为一个专色版应用到图像和印刷中。每个专色通道都以灰度图的形式存储相应的专色信息，与其在屏幕上的彩色显示无关。每一种专色都有其自身固定的色相，所以，它解决了印刷中颜色传递准确性的问题。

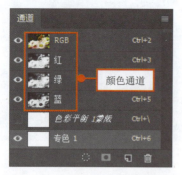

03 临时通道：临时通道是在"通道"面板中暂时存在的通道，当为图像创建了图层蒙版或是进入快速蒙版时，都会在"通道"面板中自动生成一个临时通道。在没有选择创建图层蒙版所在图层或删除蒙版、退出快速蒙版的情况下，"通道"面板中的临时通道就会消失。

04 Alpha 通道：Alpha 通道主要用于存储选区，它相当于一个 8 位灰阶图，可以将选区存储为灰度图像。它支持不同的透明度，相当于蒙版的功能。Alpha 通道不会直接对图像的颜色产生影响，即不会影响图像的显示和印刷效果，可以用来制作、删除或编辑选区。

6.2 通道的基本操作

在认识了通道之后，就可以对通道做一些简单的操作，通过编辑通道，从而达到更改图像效果的目的。通道的基本操作包括创建新通道、显示/隐藏通道、复制通道、分离和合并通道以及通道选区的载入。

6.2.1 创建新通道

编辑图像时，经常会需要创建新的通道。在 Photoshop 中，可以直接单击"通道"面板中的"创建新通道"按钮 创建新通道，也可执行"通道"面板菜单中的"新建通道"命令进行创建。

原始文件：随书资源\06\素材\03.jpg
最终文件：随书资源\06\源文件\创建新通道.psd
步骤 01：打开随书资源\06\素材\03.jpg 素材图像，选择工具箱中的"套索工具"，①在选项栏中设置"羽化"为 3 像素，②在图像中单击并拖动，创建选区。

步骤 02：①单击"通道"面板中的扩展按钮 ，②在打开的面板菜单下执行"新建通道"菜单命令。

步骤 03：打开"新建通道"对话框，①在对话框中输入通道名称为"头发"，②单击"所选区域"单选按钮，③单击"确定"按钮。

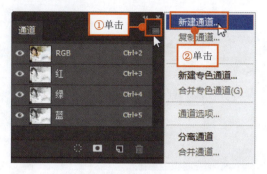

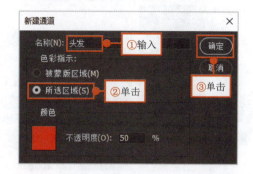

步骤 04：在"通道"面板中创建一个名为"头发"的新通道，单击通道前的"指示通道可见性"按钮 ，显示通道。

步骤 05：①设置前景色为黑色，②选中"头发"通道，按下 Alt+Delete 组合键，将通道选区填充为黑色效果。

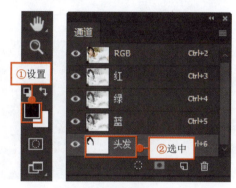

步骤 06：单击"通道"面板下方的"创建新通道"按钮 ，如下图所示。

步骤 07：创建一个新的通道，并自动以"Alpha 1"命名。

6.2.2 复制和粘贴通道中的图像

在 Photoshop 中可以复制通道并在当前图像或另一个图像中使用该通道中的图像。在"通道"面板中选取需要复制的通道，然后通过执行"复制"和"粘贴"命令，就可以在指定的通道中复制选择通道中的图像。

原始文件：随书资源\06\素材\04.jpg
最终文件：随书资源\06\源文件\复制和粘贴通道中的图像.psd

步骤 01：打开随书资源\06\素材\04.jpg 素材图像，在"图层"面板中复制"背景"图层，创建"背景 拷贝"图层。

步骤 02：执行"窗口>通道"菜单命令，打开"通道"面板，单击"绿"通道，选中通道，按下 Ctrl+A 组合键，选中"绿"通道中的内容。

  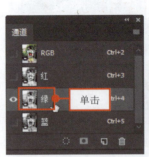 

步骤 03：按下 Ctrl+C 组合键，复制"绿"通道中的图像，然后单击"蓝"通道，选中"蓝"通道后按下 Ctrl+V 组合键，粘贴图像。

步骤 04：按下 Ctrl+D 组合键，取消选区后，单击"通道"面板中的"RGB"通道，在图像中查看画面效果。

6.2.3 分离和合并通道

使用"分离通道"命令，可根据图像的颜色模式将原图像分成多个灰度图像。当图像中包含 Alpha 通道时，执行"分离通道"命令，也会将 Alpha 通道单独分离为一个灰度图像。分离通道后，执行"合并通道"命令，可将分离后的多个灰度图像重新合成一个新图像。

原始文件：随书资源\06\素材\05.jpg
最终文件：随书资源\06\源文件\分离和合并通道.psd

步骤 01：打开随书资源\06\素材\05.jpg 素材图像，在"通道"面板中查看颜色通道。

步骤 02：①单击"通道"面板右上角的扩展按钮 ，②在打开的菜单下执行"分离通道"命令。

  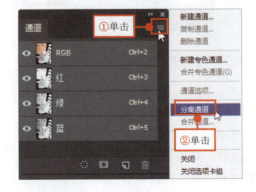

第 6 章 掌握通道的使用方法

步骤 03：执行命令后，图像根据其 RGB 颜色模式分离为 3 个灰度图像，然后执行"窗口>排列>三联垂直"菜单命令，查看分离后的图像。

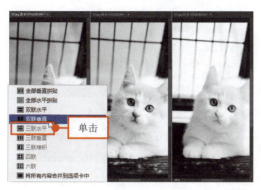

步骤 04：选择"蓝"通道图像，展开"通道"面板，①单击右上角的扩展按钮，②在展开的面板菜单下执行"合并通道"命令。

步骤 05：打开"合并通道"对话框，①在对话框中设置模式为"RGB 颜色"，②单击"确定"按钮。

步骤 06：打开"合并 RGB 通道"对话框，①在对话框中设置绿色为"05.jpg_蓝"，②蓝色为"05.jpg_绿"，③单击"确定"按钮。

步骤 07：根据通道的重新设置，将 3 个灰度图像重新组合为一个图像，组合后，原图像的颜色发生了一定的变化，打开"通道"面板，显示合并的颜色通道。

步骤 08：新建"选取颜色 1"调整图层，打开"属性"面板，①选择"洋红"，②输入颜色百分比为–39%、–100%、+9%、+10%，③单击"绝对"单选按钮，调整图像颜色。

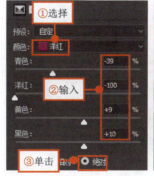

6.2.4 载入通道选区

在运用通道进行图像的编辑操作时，常常需要将通道中的图像以选区的方式载入画面中。Photoshop 中若要将通道载入选区，可以按通道面板中的"将通道载入为选区"按钮，也可以在选中通道后，按下 Ctrl 键的同时单击通道缩览图，载入通道选区。

原始文件：随书资源\06\素材\06.jpg
最终文件：随书资源\06\源文件\载入通道选区.psd

步骤 01：打开随书资源\06\素材\06.jpg 素材图像，在图像窗口中显示打开的素材图像。

步骤 02：打开"通道"面板，按下 Ctrl 键不放，单击"蓝"通道缩览图，将"蓝"通道中的图像载入到选区。

步骤 03：返回至"图层"面板，①按下 Ctrl+J 组合键，复制通道内的图像，创建"图层 1"图层，②将图层的混合模式设置为"滤色"。

步骤 04：在"通道"面板中单击选中"红"通道，单击"红"通道下方的"将通道载入为选区"按钮，载入通道选区。

步骤 05：单击 RGB 颜色通道，显示所有颜色通道，在图像窗口中可以更清楚地看到载入的选区效果。

步骤 06：返回"图层"面板，选择"背景"图层，①按下 Ctrl+J 组合键，复制选区内的图像，创建"图层 2"图层，②设置混合模式为"颜色减淡"。

步骤 07：展开"通道"面板，在面板中按下 Ctrl 键不放，同时单击 RGB 颜色通道，将该通道图像载入选区。

步骤 08：①在"图层 1"图层上方创建"色阶 1"调整图层，打开"属性"面板，②在面板中输入色阶为 77、1.00、220。

步骤 09：新建"色相/饱和度 1"调整图层，打开"属性"面板，①输入"色相"为+5，②"饱和度"为–15，调整图像颜色。

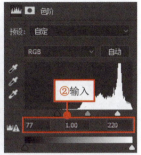

6.3 通过通道对图像进行调整

在"通道"面板的颜色通道中，每一个通道都代表一种颜色。在图像的制作过程中，既可以对单个通道进行调整，也可以同时对多个通道进行调整，还可以利用"应用图像"命令和"计算"命令混合通道图像。

6.3.1 使用"应用图像"命令混合通道图像

利用"应用图像"命令可以将源图像中的通道与目标图像中的通道进行混合，产生特殊的混合效果。应用图像可以在两个图像中对通道进行混合，也可以在同一幅图像中对不同的颜色通道进行混合。

原始文件：随书资源\06\素材\07.jpg、08.jpg
最终文件：随书资源\06\源文件\使用"应用图像"命令混合通道图像.psd

步骤 01：打开随书资源\06\素材\07.jpg、08.jpg 素材图像，显示打开的图像。

步骤 02：选择 07.jpg 素材图像，在"图层"面板中复制"背景"图层，创建"背景 拷贝"图层。

步骤 03：执行"图像>应用图像"菜单命令，打开"应用图像"对话框，①在对话框中选择"源"为 07.jpg，②混合为"强光"，③输入"不透明度"为 60%，④单击"确定"按钮。

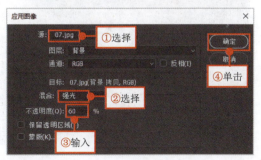

步骤04：设置后，在图像窗口中可查看执行"应用图像"命令后的效果，按下 Ctrl+J 组合键，复制图层，创建"背景 拷贝 2"图层。

步骤05：执行"图像>应用图像"菜单命令，打开"应用图像"对话框，设置"源"为08.jpg，①选择通道为"绿"，②混合为"滤色"，③单击"确定"按钮。

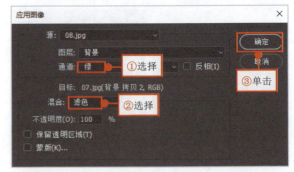

步骤06：确认设置，返回图像窗口，在图像窗口中查看图像，通过"应用图像"为人物图像添加自然的柔和光斑效果。

步骤07：为"背景 拷贝 2"图层添加蒙版，单击蒙版缩览图，使用黑色的画笔在脸上的光斑位置涂抹，隐藏图像。

6.3.2 使用"计算"命令混合通道打造复古照片

利用"计算"命令可以将两幅图像之间的通道混合，并且混合后的图像将以黑、白、灰显示。通过"计算"命令计算图像时，利用"计算"对话框中的"结果"选项，可以将混合结果存储为通道、文档或选区。

原始文件：随书资源\06\素材\09.jpg

最终文件：随书资源\06\源文件\使用"计算"命令混合通道打造复古照片.psd

步骤01：打开随书资源\06\素材\09.jpg 素材图像，复制"背景"图层，在"图层"面板中创建"背景 拷贝"图层。

步骤02：执行"图像>计算"菜单命令，打开"计算"对话框，①设置混合模式为"实色混合"，②单击"确定"按钮。

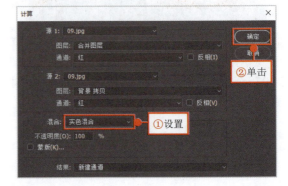

步骤03：根据设置的"计算"选项，计算图像，并在"通道"面板中创建 Alpha1 通道。

步骤04：按下 Ctrl+A 组合键，全选通道中的图像，再次按下 Ctrl+C 组合键，复制图像。

步骤05：创建新图层，①按下 Ctrl+V 组合键，粘贴图像，②设置图层混合模式为"柔光"，③不透明度为 80%。

步骤06：创建"色相/饱和度 1"调整图层，①在"属性"面板中勾选"着色"复选框，②输入"色相"为 54，③"饱和度"为 42。

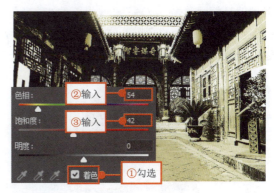

6.3.3 使用"通道"制作水彩画效果

使用"通道"制作鲜艳的水彩画效果，需要先分析素材图像，然后利用"通道"选择图像，再导入合适的水粉画素材并添加蒙版，最后再进行调整即可。如果需要制作有立体感的水彩画效果，就需要分别选中图像的亮部、灰部和暗部，添加水彩笔触。

原始文件：随书资源\06\素材\10.jpg ~12.jpg
最终文件：随书资源\06\源文件\使用"通道"制作水彩画效果.psd

步骤01：打开随书资源\06\素材\10.jpg、11.jpg 素材图像，将 11.jpg 图像复制到 10.jpg 图像上，创建"图层 1"图层。

步骤02：①在"通道"面板中单击选中"绿"通道图像，②将其拖动到"创建新通道"按钮 上，松开鼠标，复制通道。

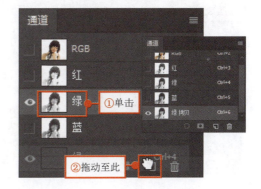

步骤 03：执行"图像>调整>亮度/对比度"菜单命令，打开"亮度/对比度"对话框，①在对话框中设置"对比度"为 58，②单击"确定"按钮，调整图像。

步骤 04：执行"图像>调整>阈值"菜单命令，打开"阈值"对话框，①在对话框中设置"阈值色阶"为 128，②单击"确定"按钮，应用设置调整图像效果。

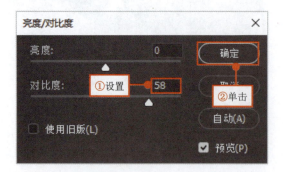

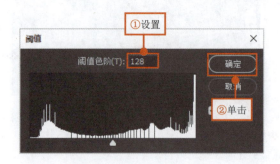

步骤 05：执行"滤镜>滤镜库"菜单命令，在打开的对话框中单击"纹理"滤镜组下的"纹理化"滤镜，①设置纹理为"画布"，②"缩放"值为 200%，③"凸现"值为 5，确认设置应用滤镜效果。

步骤 06：切换至"通道"面板，①选择"绿拷贝"通道，②单击面板中的"将通道作为选区载入"按钮，将"绿 拷贝"通道中的图像载入到选区中。

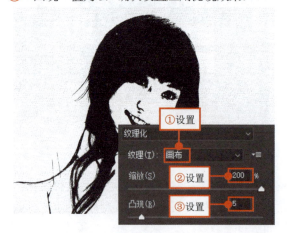

步骤 07：单击"通道"面板中的 RGB 颜色通道，在图像窗口中查看载入的选区效果。

步骤 08：返回"图层"面板，单击"图层"面板中的"添加图层蒙版"按钮，为"图层 1"添加图层蒙版。

步骤 09：选中"图层 1"图层，①双击图层右侧的蒙版缩览图，打开"属性"面板，②单击"属性"面板中的"反相"按钮，反相蒙版效果。

步骤 10：①将随书资源\06\素材\12.jpg 纹理图像移动至"图层 1"下方，创建"色阶 1"调整图层，②输入色阶值为 16、1.00、245，调整图像亮度，使用文字工具添加文字。

6.4 利用通道精细地抠取图像

在编辑图像的过程中，抠图是常用的操作之一，利用工具虽然可以完成一些图像的抠取，但遇到一些复杂图像时，就可以利用通道来完成。使用通道不仅可以抠出简单的图像，也可以完成精细图像的抠取，在抠出图像后替换上不同的背景，使图像展现出不同的效果。

原始文件：随书资源\06\素材\13.jpg、14.jpg、15.psd
最终文件：随书资源\06\源文件\利用通道精细地抠取图像.psd

步骤 01：打开随书资源\06\素材\13.jpg 素材图像，在窗口中显示打开后的图像。

步骤 02：切换至"通道"面板，①选中"绿"通道，②将其拖动至"创建新通道"按钮 ，松开鼠标，复制通道。

步骤 03：执行"图像>调整>曲线"菜单命令，打开"曲线"对话框，单击"预设"下拉按钮，①在打开的列表中选择"增加对比度（RGB）"选项，②单击"确定"按钮。

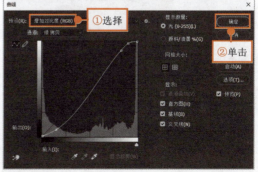

步骤 04：确认设置后，根据设置的"曲线"选项，调整图像明暗，增加对比效果。

步骤 05：执行"图像>调整>色阶"菜单命令，打开"色阶"对话框，①输入色阶值为 80、0.70、247，②单击"确定"按钮。

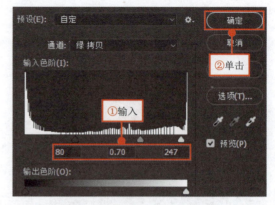

步骤 06：根据设置的"色阶"选项，调整图像进一步增强对比效果。

步骤 07：选择工具箱中的"画笔工具"，①设置前景色为黑色，②使用"画笔工具"涂抹人物图像，将人物脸部、脖子、手臂涂黑。

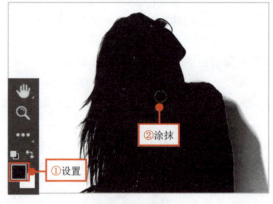

步骤 08：①设置前景色为白色，②使用"画笔工具"涂抹人物旁边的背景区域，将整个背景部分涂抹成白色。

步骤 09：①在"通道"面板中选中"绿 拷贝"通道，②单击面板下方的"将通道载入为选区"按钮，载入通道选区。

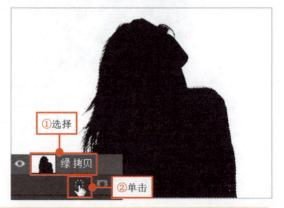

技巧提示：按下 Ctrl 键不放，单击"通道"面板中的通道缩览图，可以将鼠标单击位置的通道图像快速载入到选区。

步骤 10：切换到"通道"面板，单击面板中的 RGB 通道，在图像窗口查看图像，然后切换至"图层"面板。

步骤 11：按下 Ctrl+Shift+I 组合键，反选选区，选中人物图像后再按下 Ctrl+J 组合键，复制图像，创建"图层 1"图层。

步骤 12：在"图层"面板中单击"背景"图层前的"指示图层可见性"按钮，隐藏背景图层，查看抠出的图像效果。

步骤 13：打开随书资源\06\素材\14.jpg 素材图像，将素材图像移动到背景下方，得到"图层 2"图层，应用"自由变换"命令将图像缩放至合适的大小。

步骤 14：为"图层 2"添加图层蒙版，选择"渐变工具"，①在"渐变"拾色器中单击"黑，白渐变"，②从图像右上角单击并向左下角拖动渐变效果。

步骤 15：①设置前景色为白色，②单击"创建新图层"按钮，在"图层 2"图层下方新建一个"图层 3"图层，按下 Alt+Delete 组合键，将图层填充为白色。

步骤 16：打开随书资源\06\素材\15.psd 素材文件，将打开的素材图像复制到人物图像下方，得到"图层 4"图层，按下 Ctrl+T 组合键，将图像缩放至合适的大小。

步骤 17：①按下 Ctrl+J 组合键，复制图层，创建"图层 4 拷贝"图层，②设置混合模式为"滤色"，③"不透明度"为 55%，④选择人物图像，使用"移动工具"将其调整至合适的位置。

步骤 18：连续按下 Ctrl++组合键，将图像放大到 100%，可以看到部分眼镜边框被抠除了，需要进行修复，单击"创建新图层"按钮，在"图层 1"图层上方创建"图层 5"图层。

步骤 19：选择"画笔工具"，①单击"硬边圆"画笔，②设置"大小"为 7 像素，③前景色为 R:37、G:32、B:53，④使用"画笔工具"在缺失的眼镜边框位置单击，修补图像。

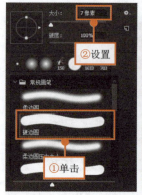 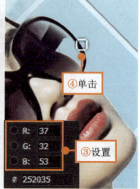

步骤 20：新建"色阶 1"调整图层，打开"属性"面板，输入色阶值为 17、1.02、255，调整图像，加强对比效果。

步骤 21：新建"色相/饱和度 1"调整图层，打开"属性"面板，在面板中输入"饱和度"为 +20，调整图像，加深颜色。

步骤 22：选择"矩形工具"，①在选项栏中设置工具模式为"形状"，②填充色为 R:31、G:157、B:179，③应用"矩形工具"在人物图像左侧单击并拖动，绘制图形。

步骤 23：选择"横排文字工具"，①在"字符"面板中设置字体为"方正正大黑简体"，②字号为 11 点，③字符间距为 50，④文本颜色为白色，⑤在绘制的矩形上方输入所需文字。

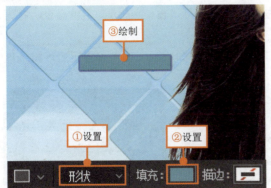

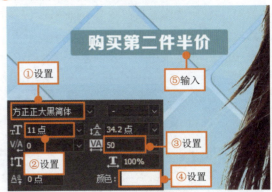

步骤 24：结合"横排文字工具"和"字符"面板继续在图像左上角输入更多合适的文字，完善画面效果。

专家课堂

1. 怎样创建专色通道？

专色通道是一种专用于保存专色信息的通道，它作为一个专色版应用到图像和印刷品中，每个专色通道都将以灰度图形式存储相应的专色信息。在"通道"面板菜单中执行"新建专色通道"命令，可以快速地创建专色通道，具体操作方法如下。

步骤 01：①单击"通道"面板右上角的扩展按钮，②在打开的面板菜单中单击"新建专色通道"命令，如下左图所示。

步骤 02：打开"新建专色通道"对话框，③在对话框中设置颜色，如下中图所示，④设置完成后单击"确定"按钮，即可在"通道"面板中创建一个专色通道，如下右图所示。

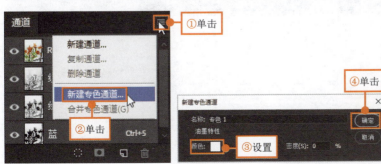

2. 如何将选取的图像存储为通道?

在"通道"面板中常会创建新通道,即把需要的选区创建为新的通道。在图像中创建选区后,在"通道"面板中单击"创建新通道"按钮可以将指定的选区存储为一个新通道,具体操作步骤如下。

步骤 01:使用选区工具在图像中创建选区,如下左图所示。执行"窗口>通道"菜单命令,打开"通道"面板。

步骤 02:单击面板中的"将创建存储为通道"按钮 ▢,如下中图所示,单击该按钮后,将选区存储为一个新的"Alpha1"通道,如下右图所示。

3. 怎样删除指定的颜色通道?

在编辑图像时,为了方便操作,常会创建新的通道,在完成图像的编辑后,用户可以根据需要将"通道"面板中的部分通道删除,其方法与复制通道的操作方法类似。Photoshop中删除通道有多种方法,操作方法如下。

方法 1:切换至"通道"面板,在面板中选择需要删除的通道,将其拖动至"删除当前通道"按钮 🗑 上,如下左图所示。

方法 2:①在"通道"面板中单击要删除的通道,②单击面板右上角的扩展按钮 ≡,③在打开的面板菜单中执行"删除通道"命令,如下右图所示,删除通道后,在"通道"面板中将不会显示已经删除的通道。

 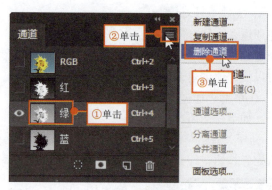

第 7 章　图像的绘制和修饰

在 Photoshop 中结合图像绘制工具和修饰工具可以完成各种不同的图像的处理，包括擦除图像中不需要的部分、修复图像以及修饰图像等。通过对图像进行绘制和修饰，可让图像内容更加丰富，图像效果更加完美。

7.1　图像绘制工具

在 Photoshop 中可利用绘图工具绘制任意的图像，并运用前景色表现绘制的图像。常用的图像绘制工具包括"画笔工具""铅笔工具"和"画笔混合器工具"，利用这些图像绘制工具可以在图像中绘制各种漂亮的图案。

7.1.1　用"画笔工具"绘制气泡图像

使用"画笔工具"可绘制任意形态的图像，也可以为图像添加颜色。在工具箱中选择"画笔工具"后，在其选项栏中可调整画笔的大小、形态，还可以选择 Photoshop 提供的各种各样的笔刷来绘制不同形态的效果。

原始文件：随书资源\07\素材\01.jpg
最终文件：随书资源\07\源文件\用"画笔工具"绘制气泡图像.psd

步骤 01：打开随书资源\07\素材\01.jpg 素材照片，单击"图层"面板中的"创建新图层"按钮，新建"图层 1"图层。

步骤 02：选择"画笔工具"，①单击"画笔预设"选取器右侧的扩展按钮，②在打开的菜单下执行"导入画笔"命令。

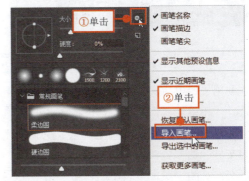

步骤 03：打开"载入"对话框，①在对话框中单击需要载入的画笔，②单击"载入"按钮。

步骤 04：将选中的画笔载入至"画笔预设"选取器，单击需要的画笔。

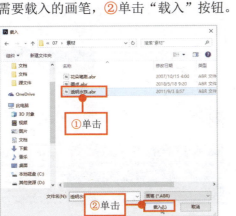
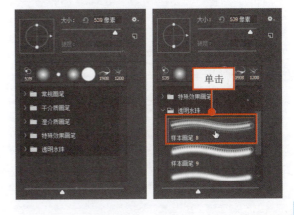

步骤 05：执行"窗口>画笔设置"菜单命令，打开"画笔设置"面板，①在面板中设置"大小"为 187 像素，②"间距"为 149%。

步骤 06：①勾选"形状动态"复选框，②在"控制"下拉列表中选择"钢笔压力"选项，③设置"最小直径"为 19%，④"角度抖动"为 77%。

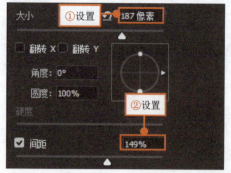
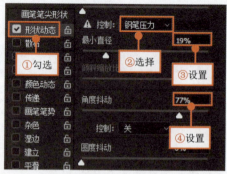

步骤 07：①勾选"散布"复选框，②在展开的"散布"选项卡中设置"散布"为 696%，③"数量抖动"为 13%。

步骤 08：返回至图像中，单击鼠标左键并绘制图案，按下键盘上的[键，或]键，调整笔触大小，连续单击，绘制图案。

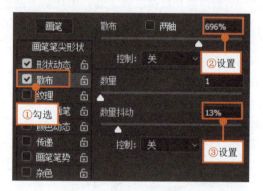

7.1.2 用"铅笔工具"绘制人物速写效果

利用"铅笔工具"可以模拟出真实铅笔笔触绘制的图像，在图像上能展现出各种硬边的线条效果。"铅笔工具"选项栏与"画笔工具"选项栏类似，但是使用"铅笔工具"绘制的图像会产生一种生硬感，而使用"画笔工具"绘制出来的图像则会相对柔和许多。

原始文件：随书资源\07\素材\02.jpg
最终文件：随书资源\07\源文件\用"铅笔工具"绘制人物速写效果.psd

步骤 01：打开随书资源\07\素材\02.jpg 素材图像，单击"创建新图层"按钮，创建"图层 1"图层，选择"铅笔工具"。

步骤 02：①在"画笔预设"选取器中设置"大小"为 5 像素，②单击"绘图板压力"按钮，③在画面中运用手写笔进行绘制。

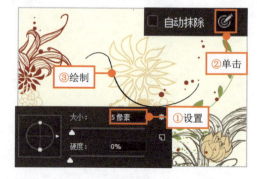

步骤 03：按下键盘中的[键，或]键，调整画笔大小，继续使用"铅笔工具"在画面中绘制出更多的人物线条。

步骤 04：选择"钢笔工具"，①设置工具模式为"形状"，在选项栏中设置合适的填充颜色，②绘制多个图形，完善画面效果。

7.1.3 用"混合器画笔工具"制作手绘效果

"混合器画笔工具"可以模拟真实的绘画技术，如混合画布上的颜色、混合画笔的颜色以及在描边过程中使用不同的绘制湿度等。选择"混合器画笔工具"后，可以通过选项栏来设置"绘画色管""潮湿""混合"等选项，然后在图像中涂抹绘制。

原始文件：随书资源\07\素材\03.jpg
最终文件：随书资源\07\源文件\使用"自动色调"命令快速调整图像色调.psd

步骤 01：打开随书资源\07\素材\03.jpg 素材图像，在"图层"面板中选择"背景"图层，复制图层，创建"背景 拷贝"图层。

步骤 02：选择"混合器画笔工具"，①在选项栏中设置涂抹方式为"湿润，浅混合"，②按下 Alt 键不放，单击取样图像，③涂抹图像。

步骤 03：继续在图像中涂抹，混合图像，当涂抹到一定的程度后，再按下 Alt 键不放，单击取样图像，继续涂抹图像。

步骤 04：使用"混合器画笔工具"继续涂抹图像，将图像转换为手绘效果，①按下 Ctrl+J 组合键，创建"背景 拷贝"图层，②设置混合模式为"强光"。

步骤 05：执行"滤镜>风格化>浮雕效果"菜单命令，在打开的"浮雕效果"对话框中单击"确定"按钮，应用默认选项创建浮雕效果。

步骤 06：创建"色阶 1"调整图层，打开"属性"面板，在面板中设置色阶值为 8、0.75、205，增强对比效果。

步骤 07：新建"选取颜色 1"调整图层，①在打开的"属性"面板中设置颜色比为 –63、+8、+70、–10，②选择"黄色"选项，③设置颜色比为 –30、+30、+30、0。

步骤 08：应用设置的"选取颜色"选项，调整图像颜色，加深红色和黄色，将图像转换为油画效果。

 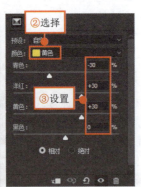

> **技巧提示**：在"混合器画笔工具"选项栏中，利用"混合"选项可以调整画布油彩量与储槽油彩量的比例，比例为 100% 时，所有油彩将从画布中拾取；比例为 0% 时，所有油彩都来自储槽。

7.2　颜色的填充

在绘制图像时，通常会利用设置的纯色或渐变颜色来填充图层或选区。Photoshop 中运用颜色工具在图像中单击或拖动操作就可以完成图像色彩的填充。颜色填充工具包括"油漆桶工具"和"渐变工具"，按下键盘中的 G 键即可快速选中此工具。

7.2.1　使用"油漆桶工具"更换图像背景

"油漆桶工具"用于在特定颜色和与其相近的颜色区域填充前景色或指定图案，常用于填充颜色比较简单的图像。只需要通过单击即可完成"油漆桶工具"的使用，在填充时结合选项栏中的选项对填充方式、不透明度以及内容进行调整。

原始文件：随书资源\07\素材\04.jpg
最终文件：随书资源\07\源文件\使用"油漆桶工具"更换图像背景.psd

步骤 01：打开随书资源\07\素材\04.jpg 素材照片，单击"图层"面板中的创建"图层 1"图层，使用"魔棒工具"在黑色区域单击。

步骤 02：单击"油漆桶工具"按钮，①在选项栏中选择填充区域的源为"图案"，②在打开的"图案"拾色器中单击选择的图案。

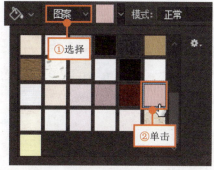

步骤 03：①使用"油漆桶工具"在选区内单击，用选择的图案填充选区，②按下 Ctrl+Shift+Alt+E 组合键，盖印图层。

步骤 04：执行"图像>调整>色相/饱和度"菜单命令，打开"色相/饱和度"对话框，设置"饱和度"为+57，调整颜色饱和度。

7.2.2 用"渐变工具"更改人物照片色调

利用"渐变工具"可以绘制具有颜色变化的色带形态。"渐变工具"根据需要可对图像进行各种形式的填充，包括线性、径向、角度和对称等形式，同时通过"渐变编辑器"对话框还可以选择预设的渐变颜色或编辑新的渐变色进行颜色的填充。选中"渐变工具"后，在图层或选区内单击并拖动，即可填充设置的渐变颜色

原始文件：随书资源\07\素材\05.jpg

最终文件：随书资源\07\源文件\用"渐变工具"更改人物照片色调.psd

步骤 01：打开随书资源\07\素材\05.jpg 素材照片，单击"图层"面板中的"创建新图层"按钮，创建"图层 1"图层。

步骤 02：单击"渐变工具"按钮，打开"渐变编辑器"对话框，①在对话框中单击"蓝，红，黄渐变"，②单击"确定"按钮。

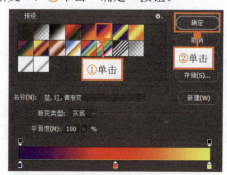

步骤 03：①单击"渐变工具"选项栏中的"径向渐变"按钮，②从图像左上角往右下角拖动，填充渐变颜色。

步骤 04：选择"图层 1"图层，①设置图层混合模式为"滤色"，②"不透明度"为 59%，混合图像颜色。

步骤 05：①单击"调整"面板中的"色阶"按钮，新建"色阶 1"调整图层，②在"属性"面板中单击"中间调较亮"选项。

步骤 06：①单击"色阶 1"图层蒙版，②使用"画笔工具"在图像中合适位置涂抹，修饰图像的明暗色彩。

> **技巧提示**：在"渐变工具"选项栏中有 5 个按钮，分别为"线性渐变"按钮、"径向渐变"按钮、"角度渐变"按钮、"对称渐变"按钮和"菱形渐变"按钮，单击这些按钮后，在图像上拖动可以为图像填充不同的渐变效果。

7.3 修改图像

通过工具箱中的"橡皮擦工具""背景橡皮擦工具"和"魔术橡皮擦工具"可以对图像中的部分区域进行擦除或修改，以达到需要的效果。"橡皮擦工具"可将像素更改为背景色或透明；"背景橡皮擦工具"可在拖动时将图像上的像素涂抹成透明效果；用"魔术橡皮擦工具"可以更改相似的像素。

7.3.1 使用"橡皮擦工具"擦除图像

"橡皮擦工具"可以将像素更改为设置的背景色或透明效果。当在"背景"图层或已锁定透明度的图层中使用"橡皮擦工具"时，被擦除区域的像素会被更改为背景色；若是在其他像素图层中涂抹像素时，被涂抹区域会变为透明效果。

原始文件：随书资源\07\素材\06.jpg、07.jpg
最终文件：随书资源\07\源文件\使用"橡皮擦工具"擦除图像.psd

步骤 01：打开随书资源\07\素材\06.jpg、07.jpg 素材照片，将打开的 06.jpg 小鱼移至 07.jpg 背景图像中。

步骤 02：单击"橡皮擦工具"按钮，打开"画笔预设"选取器，单击"常规画笔"组下的"硬边圆压力不透明度"画笔。

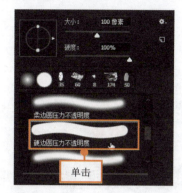

步骤 03：使用"橡皮擦工具"在白色的背景图像上涂抹，擦除图像，调整画笔笔触大小，继续使用"橡皮擦工具"涂抹图像，擦除小鱼旁边的白色背景。

步骤 04：按下 Ctrl+T 组合键，打开自由变换编辑框，对图像进行旋转，然后复制出更多的图像，利用自由变换编辑框调整复制图像的大小和位置等。

7.3.2 使用"背景橡皮擦工具"快速抠出人物图像

"背景橡皮擦工具"可在拖动时将图层上的像素涂抹成透明效果。选中"背景橡皮擦工具"后，通过选项栏中的"限制"和"流量"选项来控制透明度的范围和边界的锐化程度，若勾选"保护前景色"复选框，则防止擦除已设置的背景色匹配的区域。

原始文件：随书资源\07\素材\08.jpg、09.jpg
最终文件：随书资源\07\源文件\使用"背景橡皮擦工具"快速抠出人物图像.psd

步骤 01：打开随书资源\07\素材\08.jpg 人物图像，单击工具箱中的"背景橡皮擦工具"按钮，①在选项栏中单击"取样：一次"按钮，②设置"容差"值为 17%，③在图像中沿人物图像进行涂抹。

步骤 02：继续使用"背景橡皮擦工具"沿人物边缘单击并涂抹，将"容差"值设置为 51%，使用"背景橡皮擦工具"涂抹其他的背景区域，擦除更多图像。

步骤 03：打开随书资源\07\素材\09.jpg 背景素材照片，将打开的图像拖动到人物图像得到"图层1"图层，执行"图层>排列>后移一层"命令，将背景移至人物图像下方。

步骤 04：①执行"编辑>变换>水平翻转"菜单命令，水平翻转图像，②选择"图层 0"图层，③选择"橡皮擦工具"，继续在未擦除干净的边缘部分涂抹，擦除图像得到更干净的画面效果。

7.3.3 使用"魔术橡皮擦工具"替换图像天空

使用"魔术橡皮擦工具"可将所有相似的像素更改为透明效果。在已锁定透明度的图层中使用"魔术橡皮擦工具"单击时，该部分的像素将为更改为背景色，若是在"背景"图层中操作，则该区域的像素将会变为透明，并且"图层"图层将被转换为普通图层。

原始文件：随书资源\07\素材\10.jpg、11.jpg
最终文件：随书资源\07\源文件\利用"魔术橡皮擦工具"替换图像天空.psd

步骤 01：打开随书资源\07\素材\10.jpg 素材照片，选择并复制"背景"图层，创建"背景 副本"图层。

步骤 02：单击"魔术橡皮擦工具"按钮，在天空区域单击，擦除图像，经过连续单击后，可以将蓝色天空区域擦除。

步骤 03：打开随书资源\07\素材\11.jpg 天空素材，将图像拖动至建筑物图像上，得到"图层 1"图层，按下 Ctrl+T 组合键，将图像调整至合适的大小。

步骤 04：选择"图层 1"图层，执行"图层>排列>后移一层"菜单命令，将"图层 1"图层移至"背景 副本"图层下方。

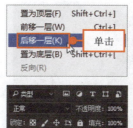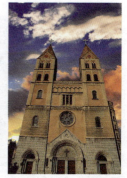

步骤 05：①按下 Ctrl 键不放，单击"背景 拷贝"图层，将该图层中的图像载入到选区中，②单击"调整"面板中的"色阶"按钮。

步骤 06：创建"色阶 1"调整图层，打开"属性"面板，在面板中设置色阶值为 26、0.93、187，调整图像增强对比效果。

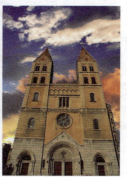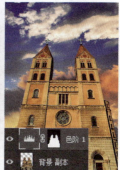

> 技巧提示：在 Photoshop 中，除了可以按下 Ctrl 键并单击图层缩览图载入选区，也可以执行"选择>载入选区"菜单命令，打开"载入选区"对话框，在对话框中选择要载入的选区源以及选区载入的操作方式等。

7.4 修复图像

在 Photoshop 中可以利用修复画笔类工具修复图像中的各类瑕疵，例如去除污渍、遮盖不需要的图像、混合图像以及去除红眼等。修复画笔类工具包括"污点修复画笔工具""修复画笔工具""修补工具""混合工具"和"红眼工具"。

7.4.1 使用"污点修复工具"修复人物面部瑕疵

通过"污点修复画笔工具"可以自动从修复区域周围像素取样，并将像素的纹理、光照、透明度和阴影与所修复的像素相匹配，从而快速地去除图像中的污点和杂点。单击工具箱中的"污点修复画笔工具"按钮，在图像中需要修复的位置单击，即可自动去除污点。

原始文件：随书资源\07\素材\12.jpg

最终文件：随书资源\07\源文件\使用"污点修复工具"修复人物面部瑕疵.psd

步骤 01：打开随书资源\07\素材\12.jpg 人物图像，在"图层"面板中单击"创建新图层"按钮，创建"图层 1"图层。

步骤 02：单击"污点修复画笔工具"按钮，①勾选选项栏中的"对所有图层取样"复选框，②使用"污点修复画笔工具"在图像上单击。

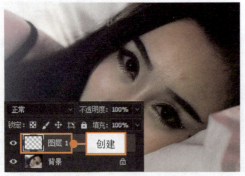

步骤 03：继续使用"污点修复画笔工具"在图像中单击，去除脸上的瑕疵。

步骤 04：创建"曲线 1"调整图层。在打开的面板中单击并向上拖动曲线，提亮画面。

7.4.2 使用"修复画笔工具"去除杂乱的电线

"修复画笔工具"可校正图像中的瑕疵，即通过图像或图案中的样本像素来绘图。在修复图像前，需要设置取样源，可以在图像中单击取样像素，也可以设置图案为取样源，设置取样源后在图像上单击或涂抹，即可修复图像。

原始文件：随书资源\07\素材\13.jpg
最终文件：随书资源\07\源文件\使用"修复画笔工具"快速去除杂乱的电线.psd

步骤 01：打开随书资源\07\素材\13.jpg 素材，复制"背景"图层，创建"背景 拷贝"图层。

步骤 02：单击"修复画笔工具"按钮，按下 Alt 键不放，在图像中单击取样。

步骤 03：在图像中的电线位置单击并涂抹，经过涂抹修复图像。

步骤 04：继续使用"修复画笔工具"去除图像中杂乱的电线。

7.4.3 使用"修补工具"去除风景照片中的多余人物

使用"修补工具"可以用其他区域的像素或图案来修复选中区域中的图像。与"修复画笔工具"一样，"修补工具"也会运用样本像素的纹理、光照和阴影与源像素进行匹配，不同的是，在使用"修补工具"之前需要在图像中创建一个选区，然后通过拖动选区修补图像。

原始文件：随书资源\07\素材\14.jpg
最终文件：随书资源\07\源文件\使用"修补工具"去除风景照片中的多余人物.psd

步骤 01：打开随书资源\07\素材\14.jpg 素材照片，按下 Ctrl+J 组合键，复制图层，创建"图层1"图层。

步骤 02：选中"修补工具"，然后在图像中人物边缘单击并拖动，当拖动的终点与起点重合时，松开鼠标，创建选区。

步骤 03：将选区内的图像单击并向右拖动，松开鼠标后，选区内的人物被去除，继续使用"修补工具"去除图像中更多的杂物。

步骤 04：创建"色阶1"调整图层，打开"属性"面板，在面板中输入色阶为 15、1.45、207，运用设置的"色阶"选项进一步修饰画面颜色。

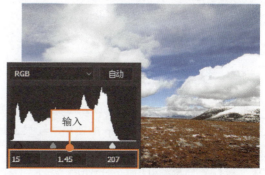

7.4.4 使用"内容感知移动工具"快速仿制图像

使用"内容感知移动工具"可以选择和移动图片的一部分,并利用图像中的匹配元素填充留下的空白区域。单击工具箱中的"内容感知移动工具"按钮,在需要修改的图像区域内创建出选区,然后拖动选区内容,将自动填充被移动或复制区域内的图像。

原始文件:随书资源\07\素材\15.jpg
最终文件:随书资源\07\源文件\使用"内容感知移动工具"快速仿制图像.psd

步骤 01:打开随书资源\07\素材\15.jpg 素材图像,按下 Ctrl+J 组合键,复制图像,创建"图层 1"图层。

步骤 02:选择"内容感知移动工具",①在选项栏中设置模式为"扩展",②"结构"为 5,③"颜色"为 6,④沿鸽子边缘单击并拖动。

步骤 03:当终点与起点相重合时,①单击创建选区效果,②单击并向左拖动图像,松开鼠标,复制选区内的图像。

步骤 04:①使用"磁性套索工具"选择下方鸽子的腿部区域,②复制选区中的图像,③将复制的图像移动至另一只鸽子的腿部,补充缺失的部分。

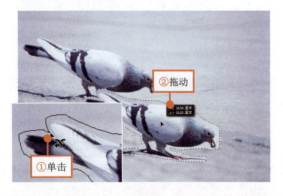

> **技巧提示**:在"混合工具"选项栏中选择"扩展"模式时,使用"混合工具"移动选区内的图像,即可复制该选区内的图像,并保留原选区内的图像,选择"移动"模式,则会移动选区内的图像,并删除原选区内的图像。

7.4.5 使用"红眼工具"快速去除人像红眼

使用数码相机在光线暗淡的房间里拍照时,常会出现人物或动物眼球上出现特殊的反光区域,也称为"红眼"。在 Photoshop 中使用"红眼工具" 在图像中单击或拖动,可以快速去除红眼。

原始文件:随书资源\07\素材\16.jpg
最终文件:随书资源\07\源文件\使用"红眼工具"快速去除人像红眼.psd

步骤 01：打开随书资源\07\素材\16.jpg 素材图像，在"图层"面板中复制"背景"图层，创建"背景 拷贝"图层，按下 Ctrl++组合键，放大显示图像，可以看到明显的红眼。

步骤 02：单击工具箱中的"红眼工具"按钮，在人物眼睛上单击并拖动鼠标，当拖动至一定大小后，松开鼠标，去除右眼上的红眼效果。

步骤 03：继续使用"红眼工具"在人物的另外一只眼睛上方单击并拖动，去除人物左眼上的红眼现象。

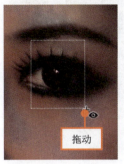

7.5 修饰图像

在 Photoshop 中提供了一系列用于修饰图像的工具，使用这些工具可以对图像的颜色、明度进行修饰，也可以对图像进行模糊或锐化操作。图像修饰工具包括"模糊/锐化工具""涂抹工具""加深/减淡工具"和"海绵工具"。

7.5.1 使用"模糊/锐化工具"增强画面效果

使用"模糊/锐化工具"可以对图像进行快速模糊或锐化设置。"模糊工具"可以软化像素边缘，减少图像中的细节以达到模糊图像的目的；"锐化工具"可以增加图像边缘的对比度，以增加外观上的锐化程度，使图像变得清晰。

原始文件：随书资源\07\素材\17.jpg
最终文件：随书资源\07\源文件\使用"模糊/锐化工具"增强画面效果.psd

步骤 01：打开随书资源\07\素材\17.jpg 素材图像，按下 Ctrl+J 组合键，复制图像，创建"图层 1"图层。

步骤 02：单击工具箱中的"模糊工具"按钮，在选项栏中设置"强度"为 40%，在图像中涂抹，模糊图像。

步骤03：单击工具箱中的"锐化工具"按钮，在选项栏中设置"强度"为35%，在图像中涂抹，锐化图像。

步骤04：新建"亮度/对比度 1"调整图层，打开"属性"面板，①输入"亮度"为47，②"对比度"为17，调整图像明暗。

7.5.2 使用"涂抹工具"扭曲图像

使用"涂抹工具"在图像中涂抹可使图像产生扭曲像素的效果。选择"涂抹工具"，利用选项栏中的"强度"选项来控制产生扭曲的程度。

原始文件：随书资源\07\素材\18.jpg
最终文件：随书资源\07\源文件\使用"涂抹工具"扭曲图像.psd

步骤01：打开随书资源\07\素材\18.jpg 素材照片，按下 Ctrl+J 组合键，复制图像，创建"图层1"图层。

步骤02：单击"涂抹工具"按钮，①在工具选项栏中设置"强度"为17%，②在图像中涂抹，使清晰的图像扭曲而变得模糊。

步骤03：执行"滤镜>滤镜库"菜单命令，①在打开的对话框中单击"粗糙蜡笔"滤镜，②设置"描边长度"为4，③"描边细节"为4。

步骤04：新建"色阶 1"调整图层，在打开的面板中输入色阶值为18、0.72、255，调整图像的颜色，增加对比效果。

7.5.3 使用"加深/减淡工具"增强对比效果

使用"加深/减淡工具"在图像中涂抹可以使被涂抹区域的图像变亮或变暗。使用"加深/减淡工具"在图像中涂抹时,涂抹的次数越多,图像会变得越亮或越暗。

原始文件:随书资源\07\素材\19.jpg
最终文件:随书资源\07\源文件\使用"加深/减淡工具"增强对比效果.psd

步骤 01:打开随书资源\07\素材\19.jpg 素材照片,在"图层"面板中复制"背景"图层,创建"背景 拷贝"图层。

步骤 02:单击"减淡工具"按钮,①在选项栏中设置"范围"为"高光",②"曝光度"为20%,③在图像中涂抹,提亮高光。

步骤 03:单击"加深工具"按钮,①设置"范围"为"中间调",②"曝光度"为30%,③对图像进行涂抹,加深图像。

步骤 04:创建"调整/对比度 1"调整图层,打开"属性"面板,设置"对比度"为25,增强对比效果。

> **技巧提示**:在"混合工具"选项栏中选择"扩展"模式时,使用"混合工具"移动选区内的图像,即可复制该选区内的图像,并保留原选区内图像,选择"移动"模式,则会移动选区内的图像,并删除原选区内的图像

7.5.4 使用"海绵工具"去除背景色彩

"海绵工具"可精确地更改指定区域的色彩饱和度,使图像特定区域的颜色变深或变浅,当在选项栏中的选择"加色"模式,在图像中绘制时可增加图像饱和度,选择"去色"模式,在图像中绘制时则降低图像饱和度。

原始文件:随书资源\07\素材\20.jpg
最终文件:随书资源\07\源文件\使用"海绵工具"去除背景色彩.psd

步骤 01：打开随书资源\07\素材\20.jpg 素材图层，复制"背景"图层，在"图层"面板中创建"背景 拷贝"图层。

步骤 02：单击工具箱中的"海绵工具"按钮，①设置"模式"为"去色"，②输入"流量"为100%，③涂抹花朵后方的背景，降低图像饱和度。

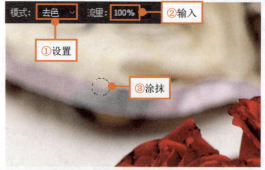

步骤 03：使用"海绵工具"继续在花朵后面的背景位置涂抹，去除背景部分的整个图像的饱和度。

步骤 04：创建"色阶1"调整图层，打开"属性"面板，在面板中选择"加亮阴影"选项，提亮阴影部分。

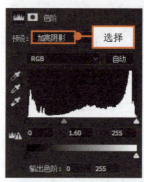

7.6 修复图像设置更有层次的画面

当一个图像中有较多的杂物存在时，将会影响到整个画面效果。在 Photoshop 中利用图像绘制和修饰工具可以对图像中存在的瑕疵进行修复，然后在修复的图像上进行处理，通过颜色、明暗进行调整，使画面更有层次感。

原始文件：随书资源\07\素材\21.jpg
最终文件：随书资源\07\源文件\修复图像设置更有层次的画面.psd

步骤 01：打开随书资源\07\素材\12.jpg 素材照片，复制"背景"图层，创建"背景 拷贝"。

步骤 02：单击工具箱中的"修补工具"按钮，在光点位置新建选区。

步骤 03：将选区内的图像拖动到干净的画面中，修补图像，继续使用"修补工具"修复图像，去除图像中的杂物。

步骤 05：按下键盘中的[键，或]键，调整画笔笔触大小，连续在图像中涂抹，可以提亮画面中的高光部分。

步骤 07：单击"创建"面板中的"色阶"按钮，创建"色阶"调整图层，在打开的面板中输入色阶值为 14、1.18、241，根据设置的"色阶"选项，调整图像，使图像的层次更加突出。设置后将图像盖印。

步骤 04：单击"减淡工具"按钮，①在选项栏中设置范围为"高光"，②"曝光度"为 20%，③在图像中涂抹。

步骤 06：单击"加深工具"按钮，①设置范围为"高光"，②"曝光度"为 20%，③在图像中涂抹，降低阴影区域的亮度。

步骤 08：选择"矩形选框工具"，①设置羽化为 200 像素，沿图像边缘绘制选区，按下 Ctrl+Shift+I 组合键，反选选区，②按下 Ctrl+J 组合键，复制选区内的图像，③设置图层混合模式为"正片叠底"，④设置不透明度 50%。

步骤 09：盖印图层，使用"透视裁剪工具"沿着图像边缘绘制一个稍大的裁剪框。

步骤 10：单击选项栏中的"提交当前裁剪操作"按钮✓，裁剪图像。

步骤 11：选择"画笔工具"，设置前景色为黑色，创建新图层，使用"画笔工具"在图像下方绘制一根黑色的线条。

步骤 12：将"花朵笔刷"导入到"画笔预设"选取器中，选择载入的画笔，新建图层，调整前景色，在图像右下角单击，绘制花纹。

步骤 13：按下 Ctrl 键不放，单击"背景 拷贝"图层，载入选区，按下 Ctrl+Shift+I 组合键，反选。

步骤 14：选择"图层 6"图层，添加蒙版，隐藏部分图像，使用"横排文字工具"为图像添加合适的文字。

专家课堂

1. 如何在打开的图像上定义图案？

使用填充工具对图像进行填充操作时，不仅可以在指定的区域进行颜色的填充，还可以运用图案进行填充。在填充图案时，用户可以将当前打开或正在编辑的图案进行自定义设置，然后将定义的图案填充于图像上，自定义图案的具体操作方法如下。

步骤 01：选择要定义的图像并在 Photoshop 中将其打开，①执行"编辑>定义图案"菜单命令，如下左图所示。

步骤 02：打开"图案名称"对话框，②在对话框中输入图案名称，如下中图所示，③单击"确定"按钮，定义图案，在定义图案后，在"图案"拾色器面板中可查看到定义的图案。

2. 如何利用修复工具仿制图像？

在 Photoshop 中可以通过修补工具对图像进行仿制操作。在选择"修补工具"后，通过调整修补方式，即可快速完成图像的仿制操作。通过对图像进行仿制，能够增加画面内容的丰富性，具体方法如下。

步骤 01：①使用"修补工具"，在图像中创建一个要仿制的区域，如下左图所示，②在工具选项栏中单击"目标"单选按钮，③将选区内的图像拖动到画面的另一位置，如下右图所示。

步骤 02：松开鼠标，即可将选区内的图像复制到相应的位置，效果如下右图所示。

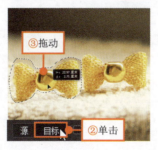

3. 怎样在"画笔预设"选取器中追加旧版画笔？

在"画笔预设"选取器中默认包含了"常规画笔""干介质画笔""湿介质画笔"和"特殊效果画笔"4 个画笔组，在编辑图像时，如果需要使用更多之前版本中的画笔，可以通过载入的方式将其添加到"画笔预设"选取器中，具体方法如下。

步骤 01：单击"画笔工具"选项栏中的"画笔预设"选取器按钮，打开"画笔预设"选取器，①单击右上角的扩展按钮，②在显示的扩展菜单中选择"旧版画笔"选项，如下左图所示。

步骤 02：打开提示对话框，③单击对话框中的"确定"按钮，如下中图所示，即可将选择的画笔追加至"画笔预设"选取器中，如下右图所示。

 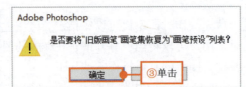 

第 8 章　调整图像的颜色

颜色是展现图像的一个主要因素，通过将画面设置为不同的颜色可以给人带来不同的视觉感受。在 Photoshop 中结合各种调整命令，可以转换图像的颜色模式、调整图像的明暗、更改图像色彩等。

8.1　认识图像颜色模式

在 Photoshop 中的颜色模式决定了图像的颜色显示效果，在不同颜色模式下的图像所展现出来的颜色效果也会不同，在 Photoshop 中利用"模式"子菜单中的命令可以查看和转换图像的颜色模式。

8.1.1　图像的颜色模式

颜色模式是将某种颜色表现为数字形式的模型，它是描述计算机上所有显示颜色的系统，常见的颜色模式包括 RGB 颜色模式、CMYK 颜色模式、灰度颜色模式、Lab 颜色模式等。从"通道"面板中可以看出不同的颜色模式有不同的表现形式。

01 RGB 颜色模式：RGB 颜色模式是用于屏幕显示的颜色模式，由红（R）、绿（G）、蓝（B）3 个颜色构成，是 Photoshop 默认的图像颜色模式。在该模式下提供了多种功能和命令，打开 RGB 颜色模式的图像后，在"通道"面板中看到该模式下的颜色通道信息。

02 CMYK 颜色模式：CMYK 颜色模式一般用于印刷输出的分色处理，它由青（C）、洋红（M）、黄（Y）、黑（K）四色构成，在印刷中代表四种颜色的油墨，油墨的多少决定了图像的效果。打开 CMYK 颜色模式下的图像，在"通道"面板中可看到该模式下图像的颜色通道。

03 灰度颜色模式：灰度颜色模式下的图像是以黑白颜色展现的，可以理解为以单一油墨的深浅变化来构成画面，它由 8 位/像素的信息组成，并使用 256 级的灰色来模拟颜色的层次。在灰度模式下的图像只能显示黑白效果。

04 Lab 颜色模式：Lab 颜色模式是 Photoshop 进行颜色模式转换时使用的中间模式，它由明度通道和另外两个 a、b 色彩通道组成。Lab 颜色模式是颜色范围最广的一种颜色模式，打开 Lab 颜色模式下的图像，在"通道"面板中可看到该模式下图像的颜色通道。

8.1.2 颜色模式的转换

在处理图像时，为了满足不同用户的应用需要，可将图像在各种颜色模式之间进行转换，在转换颜色模式时，执行"图像>模式"菜单命令，然后在打开的级联菜单中选择需要转换的颜色模式。当执行菜单命令后，会弹出提示或设置对话框，通过在对话框中进行设置，控制图像转换后的效果。

原始文件：随书资源\08\素材\05.jpg
最终文件：随书资源\08\源文件\颜色模式的转换.psd

步骤 01：打开随书资源\08\素材\05.jpg 素材图像，在图像窗口显示打开的图像效果，执行"图像>模式>灰度"菜单命令。

步骤 02：打开"信息"对话框，在对话框中单击"扔掉"按钮，将图像由默认 RGB 颜色模式转换为灰度模式。

步骤 03：①执行"图像>模式>双色调"菜单命令，打开"双色调选项"对话框，②在对话框中设置油墨 2 的颜色，③设置后单击"确定"按钮。

步骤 04：将图像由灰度模式转换为双色调模式，转换后在图像窗口中查看效果。

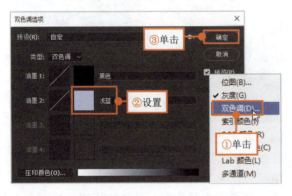

8.2 用自动调整命令调整图像

在 Photoshop CC 中可以通过"图像"菜单中的自动调整图像颜色的命令快速对图像的色调、对比度以及颜色进行校正，恢复图像自然的色彩，自动调整命令包括"自动色调""自动对比度"和"自动颜色"三个命令。

8.2.1 使用"自动色调"命令快速调整图像色调

"自动色调"命令可以自动调整 Photoshop 图像中的暗部和亮部。"自动色调"命令对每个颜色通道进行调整，并将每个颜色通道中最亮和最暗的像素调整为纯白和纯黑，中间像素值按比例重新分布。由于"自动色调"命令单独调整每个通道,所以可能会移去颜色或引入色偏。

原始文件: 随书资源\08\素材\06.jpg

最终文件: 随书资源\08\源文件\使用"自动色调"命令快速调整图像色调.psd

步骤 01: 打开随书资源\08\素材\06.jpg 素材图像,按下 Ctrl+J 组合键,复制图像,在"图层"面板中创建"图层 1"图层。

步骤 02: 执行"图像>自动色调"菜单命令,应用此命令调整图像的颜色,在图像窗口可查看调整后的效果。

8.2.2 使用"自动对比度"命令快速调整图像对比度

"自动对比度"命令将自动调整图像对比度。由于"自动对比度"不会单独调整通道,因此不会引入或消除色痕。"自动对比度"命令将剪切图像中的阴影和高光,然后把将图像剩余部分的最亮和最暗像素映射为纯白和纯黑,使调整后的图像高光看上去更亮,阴影看上去更暗。

原始文件: 随书资源\08\素材\07.jpg

最终文件: 随书资源\08\源文件\使用"自动对比度"命令快速调整图像对比度.psd

步骤 01: 打开随书资源\08\素材\07.jpg 素材图像,按下 Ctrl+J 组合键,复制图像,在"图层"面板中创建"图层 1"图层。

步骤 02: 执行"图像>自动对比度"菜单命令,调整图像的对比度,在图像窗口中查看调整对比后的效果。

8.2.3 使用"自动颜色"命令快速调整图像颜色

"自动颜色"命令通过搜索图像来标识阴影、中间调和高光,从而调整图像的对比度和颜色。在默认情况下,"自动颜色"命令使用 RGB 128 灰色这一目标颜色来中和中间调,并将阴影和高光像素剪切 0.5%,从而快速还原图像中各部分的真实颜色。

原始文件: 随书资源\08\素材\08.jpg

最终文件: 随书资源\08\源文件\使用"自动颜色"命令快速调整图像颜色.psd

步骤 01：打开随书资源\08\素材\08.jpg 素材图像，将"背景"图层拖动到"创建新图层"按钮上，复制"背景"图层，创建"背景 拷贝"图层。

步骤 02：执行"图像>自动颜色"命令，调整图像颜色，在图像窗口可查看应用"自动颜色"命令调整后的效果。

8.3 图像明暗调整

由于光线的不同，图像的明暗也会出现各种各样的问题，从而导致不能清晰地展现图像效果。在 Photoshop 中提供了用于调整图像的菜单命令，如"亮度/对比度""曲线""色阶"等，用户可以通过执行"调整"菜单中的调整命令调整图像，也可以结合"调整"和"属性"面板，创建并设置调整图层来调整图像。

8.3.1 使用"亮度/对比度"校正灰暗的图像

使用"亮度/对比度"调整，可以对图像的色调范围进行简单的调整。应用"亮度/对比度"调整图像时，向右拖动"亮度"滑块会增加色调值并扩展图像高光，向左拖动"亮度"滑块会减少值并扩展阴影。而拖动"对比度"滑块可扩展或收缩图像中色调值的总体范围。

原始文件：随书资源\08\素材\09.jpg
最终文件：随书资源\08\源文件\使用"亮度/对比度"校正灰暗的图像.psd

步骤 01：打开随书资源\08\素材\09.jpg 素材图像，选中"图层"面板中的"背景"图层，复制该图层，创建"背景 拷贝"图层。

步骤 02：执行"图像>调整>亮度/对比度"菜单命令，①在打开的对话框中设置"亮度"为 120，②设置"对比度"为 80，③单击"确定"按钮

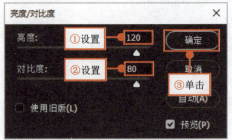

步骤 03：返回图像窗口，在图像窗口中查看应用"亮度/对比度"调整后的图像，看到图像变得明亮起来且对比较强。

8.3.2 使用"色阶"调整风景图像

使用"色阶"并通过调整图像的阴影、中间调和高光的强度级别,从而校正图像的色调范围和色彩平衡。使用"色阶"调整图像时,可以利用色阶直方图作为调整图像基本色调的直观参考,将深灰色滑块向右拖动可以降低阴影部分的亮度,拖动浅灰色滑块可调整中间调部分的亮度,将白色滑块向左拖动可以提高高光部分的亮度。

原始文件: 随书资源\08\素材\10.jpg
最终文件: 随书资源\08\源文件\使用"色阶"调整风景图像.psd

步骤 01: 打开随书资源\08\素材\10.jpg 素材图像,①复制"背景"图层,创建"背景 拷贝"图层,②执行"图像>调整>色阶"菜单命令。

步骤 02: 打开"色阶"对话框,①在对话框中设置色阶值为 0、2.40、205,②单击"确定"按钮,调整中间调和高光部分的亮度。

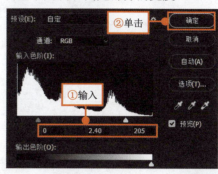

步骤 03: ①为"背景 拷贝"图层添加蒙版,选择"画笔工具",②设置"不透明度"为 20%,③"流量"为 15%,④运用黑色画笔涂抹雪山。

步骤 04: 继续使用"画笔工具"在调整过度的高光部分涂抹,还原图像细节。

> **技巧提示:** 使用"色阶"调整图像时,会将调整应用于当前选中的图层,确认后将不能对参数进行更改,所以为了便于后期处理,可以应用"调整"面板,创建"色阶"调整图层来调整图像。

8.3.3 使用"曲线"打造柔美人物图像

使用"曲线"可以调整图像的整个色调范围内的点。在调整 RGB 图像时,图形右上角区域代表高光,左下角区域代表阴影,图形的水平轴表示输入色阶,即初始图像值;垂直轴表示输出色阶,即调整后的新值。通过在线条添加控制点并移动它们来实现图像影调的设置。

原始文件: 随书资源\08\素材\11.jpg
最终文件: 随书资源\08\源文件\使用"曲线"打造柔美人物图像.psd

步骤 01：打开随书资源\08\素材\11.jpg 素材图像，单击"调整"面板中的"曲线"按钮，创建"曲线1"调整图层。

步骤 02：打开"属性"面板，①在面板中单击并向上拖动曲线，提亮图像，②选择"红"通道选项，③继续在曲线上单击并向上拖动。

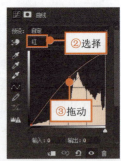

步骤 03：继续在"属性"面板中设置选项，①选择"蓝"通道选项，②单击并向上拖动曲线，调整"蓝"通道中的图像亮度。

步骤 04：设置后单击"曲线1"蒙版缩览图，设置前景色为黑色，选择"画笔工具"，降低透明度和流量，涂抹调整过度的区域。

8.3.4 使用"曝光度"校正图像曝光问题

"曝光度"常用于校正图像中出现的曝光过度导致的偏亮和曝光不足导致的偏暗问题。在应用"曝光度"调整图像时，"曝光度"调整色调范围的高光端，对极限阴影的影响很轻微；"位移"使阴影和中间调变暗，对高光的影响很轻微；"灰色系数校正"使用简单的乘方函数调整图像灰度系数。

原始文件：随书资源\08\素材\12.jpg
最终文件：随书资源\08\源文件\使用"曝光度"样式正图像曝光问题.psd

步骤 01：打开随书资源\08\素材\12.jpg 素材图像，单击"调整"面板中的"曝光度"按钮，创建"曝光度1"调整图层。

步骤 02：展开"属性"面板，①输入"曝光度"为+3.30，②"位移"为–0.0437，③"灰度系数校正"为0.84，应用设置调整图像亮度。

步骤 03：创建"曲线 1"调整图层，打开"属性"面板，①在面板中拖动曲线，增强对比，②选择"蓝"选项，③单击并向上拖动曲线，更改"蓝"通道中的图像亮度。

步骤 04：按下 Ctrl+Shift+Alt+E 组合键，盖印图层，执行"滤镜>Camera Raw 滤镜"菜单命令，①在打开的对话框中单击"细节"按钮，②设置"明亮度"为 50，去除图像中的噪点。

8.3.5 使用"阴影/高光"还原图像暗部细节

"阴影/高光"是一种用于校正由强逆光而形成剪影的图像，或者校正由于太接近相机闪光灯而焦点有些发白的方法。"阴影/高光"不是简单地使图像变亮或变暗，而是基于阴影或高光中的周围像素的增亮或变暗，正因为如此，在"阴影/高光"对话框中，阴影和高光都有各自的控制选项。

原始文件：随书资源\08\素材\13.jpg

最终文件：随书资源\08\源文件\使用"阴影/高光"还原图像暗部细节.psd

步骤 01：打开随书资源\08\素材\13.jpg 素材图像，选择"背景"图层，复制该图层，创建"背景 拷贝"图层。

步骤 02：执行"图像>调整>阴影/高光"菜单命令，打开"阴影/高光"对话框，设置阴影"数量"为 65%，提亮阴影。

8.4 调整图像色彩

在 Photoshop 中，除了可以对图像的明暗进行调整，也可以对图像的色彩进行调整，如调整图像的颜色饱和度，更改图像的色调倾向等。与调整图像明暗相似，在处理图像时，同样可以分别使用"调整"菜单或结合创建调整图层来完成对图像颜色的调整。

8.4.1 使用"自然饱和度"加深颜色

应用"自然饱和度"调整图像饱和度,可以在颜色接近最大饱和度时最大限度地减少修剪,防止颜色过度饱和。

原始文件：随书资源\08\素材\14.jpg
最终文件：随书资源\08\源文件\使用"自然饱和度"加深颜色.psd

步骤 01：打开随书资源\08\素材\14.jpg 素材,①复制"背景"图层,创建"背景 拷贝"图层,②执行"图像>调整>自然饱和度"菜单命令。

步骤 02：打开"自然饱和度"对话框,①在对话框中设置"自然饱和度"为+100,②"饱和度"为 50,③单击"确定"按钮,调整图像颜色。

> 技巧提示：在应用"色相/饱和度"调整颜色时,若要将更多调整应用于不饱和的颜色并在颜色接近完全饱和时避免颜色修剪,可以向右拖动"自然饱和度"滑块；若要在不考虑当前饱和度的情况下将相同的饱和度调整量应用于所有的颜色,可以拖动"饱和度"滑块。

8.4.2 使用"色相/饱和度"打造真彩图像

使用"色相/饱和度"可以调整图像中特定颜色范围的色相、饱和度和亮度,或者同时调整图像中的所有颜色。此调整尤其适用于微调 CMYK 图像中的颜色,以便它们处在输出设备的色域内。在处理图像时,还可以存储色相/饱和度设置,然后载入它们,在其他图像中重复使用。

原始文件：随书资源\08\素材\15.jpg
最终文件：随书资源\08\源文件\使用"色相/饱和度"打造真彩图像.psd

步骤 01：打开随书资源\08\素材\15.jpg 素材图像,单击"调整"面板中的"色相/饱和度"按钮,新建"色相/饱和度"调整图层。

步骤 02：打开"属性"面板,①在面板中设置"饱和度"为+60,②选择"红色"选项,③设置"饱和度"为–15。

 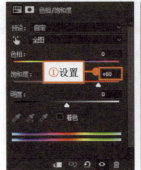 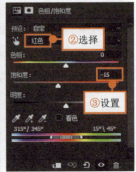

步骤 03：继续在"属性"面板中设置调整选项，①选择"蓝色"选项，②设置"色相"为+5，③"饱和度"为+13，应用设置的"色相/饱和度"选项，调整图像颜色，增强饱和度。

步骤 04：按下 Ctrl+Shift+Alt+E 组合键，盖印图层，得到"图层 1"图层，①设置混合模式为"滤色"，②按下 Ctrl+J 组合键，复制图层，创建"图层 1 拷贝"图层，③设置"不透明度"为40%。

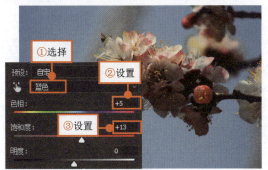 

8.4.3 使用"色彩平衡"快速更改图像的色调

对于普通的色彩校正，"色彩平衡"可以更改图像的总体颜色混合，并且可以指定要调整的范围为阴影、中间调或高光等。应用"色彩平衡"调整时，将滑块拖向要在图像中增加的颜色，或将滑块拖离要在图像中减少的颜色，即可完成色彩的更改。

原始文件：随书资源\08\素材\16.jpg
最终文件：随书资源\08\源文件\使用"色彩平衡"快速更改图像的色调.psd

步骤 01：打开随书资源\08\素材\16.jpg 素材图像，复制"背景"图层，在"图层"面板中创建"背景 拷贝"图层。

步骤 02：执行"图像>调整>色彩平衡"菜单命令，打开"色彩平衡"对话框，设置色阶值为+64、0、-52。

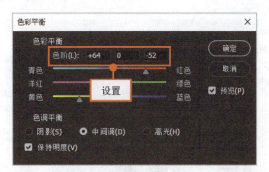

步骤 03：①单击对话框下方的"阴影"单选按钮，②设置色阶值为+10、0、+5，③设置后单击"确定"按钮。

步骤 04：①单击"调整"面板中的"色阶"按钮，新建"色阶 1"调整图层，打开"属性"面板，②设置色阶值为0、1.70、223，提亮图像。

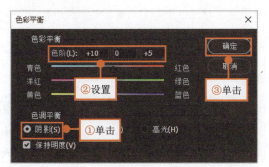 

8.4.4 使用"图像滤镜"打造复古色调

"图像滤镜"模仿在相机镜头前加彩色滤镜的效果,以便调整通过镜头传输的光的色彩平衡和色温。应用"图像滤镜"调整时,用户可以选取颜色预设,以便将色相调整应用到图像。如果使用 Photoshop 拾色器来指定颜色,应用自定颜色调整。

原始文件:随书资源\08\素材\17.jpg
最终文件:随书资源\08\源文件\使用"图像滤镜"打造复古色调.psd

步骤 01:打开随书资源\08\素材\17.jpg 素材图像,在图像窗口中可以查看到未调整之前的图像效果。

步骤 02:①单击"调整"面板中的"图像滤镜"按钮,新建"图像滤镜"调整图层,②在展开的"属性"面板中选择"深褐"滤镜,③设置"浓度"为70%。

步骤 03:应用设置的"图像滤镜"选项,调整图像颜色,在图像窗口中查看调整后的图像,加深颜色。

步骤 04:新建"曲线 1"调整图层,打开"属性"面板,①选择"蓝"选项,②单击并拖动曲线,调整图像颜色。

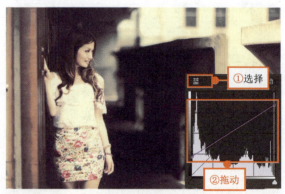

> **技巧提示:**应用"图像滤镜"调整图像时,如果不想使用预设颜色调整图像,可以单击"颜色"选项右侧的色块,打开"拾色器(图像滤镜颜色)"对话框,在对话框中即可重新指定颜色调整。

8.4.5 使用"通道混合器"调出单色调图像效果

使用"通道混合器"可以创建高品质的灰度图像、棕褐色调图像或其他色调图像。"通道混合器"使用图像中现有(源)颜色通道的混合来修改目标(输出)颜色通道。颜色通道是代表图像中颜色分量的色调值的灰度图像。在使用"通道混合器"时,将通过源通道向目标通道加减灰度值来实现颜色的转换。

原始文件：随书资源\08\素材\18.jpg
最终文件：随书资源\08\源文件\使用"通道混合器"调出单色调图像效果.psd

步骤 01：打开随书资源\08\素材\18.jpg 素材图像，打开"调整"面板，单击"色阶"按钮，创建"色阶 1"调整图层。

步骤 02：打开"属性"面板，单击"预设"下拉按钮，在展开的下拉列表中选择"加亮阴影"选项，提亮阴影。

步骤 03：盖印图层，①执行"图像>调整>通道混合器"菜单命令，打开"通道混合器"对话框，②勾选"单色"复选框，③设置颜色选项。

步骤 04：确认设置即可将图像转换为黑白效果，在图像窗口中查看转换为黑白效果的图像。

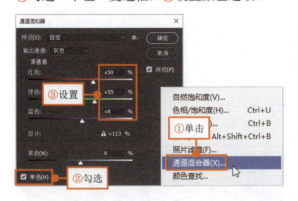

8.4.6 使用"替换颜色"改变汽车颜色

　　Photoshop 提供了多种用于替换对象颜色的技术。执行"图像>调整>替换颜色"菜单命令，即可打开"替换颜色"对话框，在对话框中选择要替换的颜色，然后重新设置其色相、饱和度及明度。

原始文件：随书资源\08\素材\19.jpg
最终文件：随书资源\08\源文件\使用"替换颜色"改变汽车颜色.psd

步骤 01：打开随书资源\08\素材\19.jpg 素材图像，①复制"背景"图层，创建"背景 拷贝"图层，②执行"图像>调整>替换颜色"菜单命令，打开"替换颜色"对话框。

步骤02：在"替换颜色"对话框中，①单击"添加到取样"按钮，②在下方的汽车车身上单击，设置要替换的颜色范围。

步骤03：①在对话框下方设置"色相"为–164，②设置"饱和度"为–10，单击"确定"按钮，将红色的汽车转换为蓝色效果。

8.4.7 使用"可选颜色"打造金秋美景

"可选颜色"是高端扫描仪和分色程序使用的一种技术，用于在图像中的每个主要原色成分中更改印刷色的数量。也就是说，我们可以有选择地修改任何主要颜色中的印刷色数量，而不会影响其他主要颜色。例如，可以使用"可选颜色"显著减少图像绿色图素中的青色，同时保留蓝色图素中的青色不变。

原始文件： 随书资源\08\素材\20.jpg
最终文件： 随书资源\08\源文件\使用"可选颜色"打造金秋美景.psd

步骤01：打开随书资源\08\素材\20.jpg 素材图像，单击"调整"面板中的"可选颜色"按钮，创建"选取颜色 1"调整图层。

步骤02：①设置颜色比为–30、+50、+30、0，②选择"黄色"选项，③设置颜色比为–100%、+35%、–5%，④单击"绝对"单选按钮。

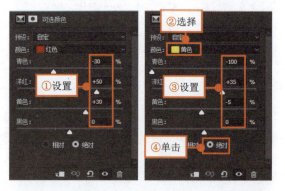

步骤03：在图像窗口中查看应用"可选颜色"调整后的图像，可以看到黄色的树和草地变为了金黄色。

> **技巧提示：** 单击"相对"单选按钮，将按照总量的百分比更改现有的青色、洋红、黄色或黑色的量；单击"绝对"单选按钮，采用绝对值调整颜色，在此方法下，调整后的图像效果变化更为明显。

8.5 调整图像色彩

可以通过提高图像颜色的亮度、饱和度以及更改色相来完成图像色彩的调整。在 Photoshop "调整"命令下提供了多个用于调整图像色彩的命令，包括"色相/饱和度""色彩平衡""可选颜色"等命令。

8.5.1 使用"反相"创建艺术化图像

"反相"可以反转图像中的颜色。在对图像进行反相时，通道中每个像素的亮度值都会转换为 256 级颜色值标度上相反的值。例如，正片图像中值为 255 的像素会被转换为 0，值为 5 的像素会被转换为 250。

原始文件：随书资源\08\素材\21.jpg

最终文件：随书资源\08\源文件\利用"反相"调整创建艺术图像.psd

步骤 01：打开随书资源\08\素材\21.jpg 素材图像，执行"图像>调整>去色"菜单命令，去除图像颜色。

步骤 02：①按下 Ctrl+J 组合键，复制图层，创建"图层 1"图层，②执行"图像>调整>反相"菜单命令，反转图像颜色。

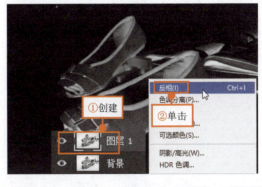

步骤 03：执行"滤镜>其他>最小值"菜单命令，打开"最小值"对话框，①设置"半径"为 5.0 像素，②"保留"类型设置为"圆度"，单击"确定"按钮，应用滤镜。

步骤 04：在"图层"面板中将"图层 1"图层的混合模式设置为"颜色减淡"，可以看到图像转换为线稿效果。

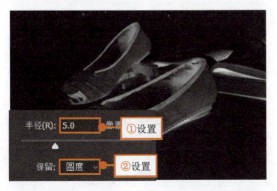
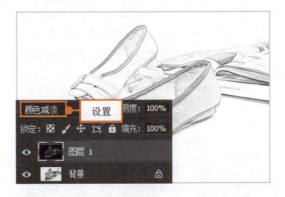

8.5.2 使用"色调分离"简化图像

使用"色调分离"可以指定图像中每个通道的色调级数目，然后将像素映射到最接近的匹配级别。在图像中创建特殊效果，如创建大的单调区域时，非常有用。

原始文件：随书资源\08\素材\22.jpg
最终文件：随书资源\08\源文件\使用"色阶分离"命令简化图像.psd

步骤 01：打开随书资源\08\素材\22.jpg 素材图像，选择"背景"图层，执行"图层>复制图层"菜单命令，创建"背景 拷贝"图层。

步骤 02：执行"图像>调整>色调分离"菜单命令，打开"色调分离"对话框，①输入"色阶"为4，②单击"确定"按钮。

步骤 03：执行"滤镜>艺术效果>木刻"菜单命令，打开"木刻"对话框，①输入"色阶数"为8，②"边缘简化度"为 6，③"边缘逼真度"为 2，单击"确定"按钮。

8.5.3 使用"阈值"将彩色图像转换为黑白效果

"阈值"可以将灰度或彩色图像转换为高对比度的黑白图像。对图像应用"阈值"时，可以指定某个色阶作为阈值，将所有比阈值亮的像素转换为白色，所有比阈值暗的像素转换为黑色。

原始文件：随书资源\08\素材\23.jpg
最终文件：随书资源\08\源文件\使用"阈值"将彩色图像转换为黑白效果.psd

步骤 01：打开随书资源\08\素材\23.jpg 素材图像，创建"背景 拷贝"图层，执行"图像>调整>阈值"菜单命令。

步骤 02：打开"阈值"对话框，①在对话框中输入"阈值色阶"为 65，②单击"确定"按钮，调整图像。

8.6 制作柔美的写真效果

不同的色彩可以呈现出不同的视觉效果。对于拍摄的人物写真图像，在后期处理时，可以根据画面中的人物或环境，利用 Photoshop 提供的调整功能，对图像的明暗和色彩进行设置，使图像中的人物得到最完美的展示。

原始文件：随书资源\08\素材\24.jpg
最终文件：随书资源\08\源文件\制作柔美的写真效果.psd

步骤 01：打开随书资源\08\素材\24.jpg 素材图像，选择"背景"图层，将此图层拖动到"创建新图层"按钮上，松开鼠标，复制图层，创建"背景 拷贝"图层。

步骤 02：执行"滤镜>模糊>表面模糊"菜单命令，①在打开的对话框中输入"半径"为6，②"阈值"为8，应用滤镜效果，然后添加蒙版，③使用黑色画笔将不需要模糊的区域涂抹为黑色。

步骤 03：新建"色阶 1"调整图层，打开"属性"面板，在面板中设置色阶值为 0、1.40、255，提亮中间调区域。

步骤 04：新建"曲线 1"调整图层，打开"属性"面板，①单击并向上拖动曲线，提亮图像，②选择"蓝"选项，③拖动曲线，调整图像颜色。

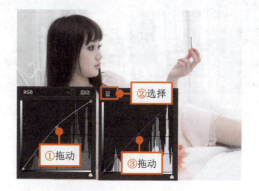

步骤 05：新建"色阶 1"调整图层，打开"属性"面板，在面板中设置色阶值为 12、1.00、245，应用设置的"色阶"选项调整图像，增强对比效果。

步骤 06：选择"画笔工具"，①选择"柔边圆"画笔，②在选项栏中设置"不透明度"和"流量"为10%，调整画笔，然后确认前景色为黑色，③运用画笔涂抹窗帘区域，恢复部分细节。

步骤 07：新建"自然/饱和度 1"调整图层，打开"属性"面板，①在面板中输入"自然饱和度"为+65，②"饱和度"为+5，应用设置的选项调整图像，增强颜色饱和度。

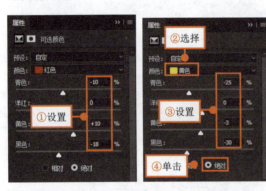

步骤 08：新建"选取颜色 1"调整图层，打开"属性"面板，①在面板中设置颜色百分比为−10%、0%、+10%、−18%，②选择"黄色"选项，③设置颜色百分比为−25%、0%、−3%、−30%，④单击"绝对"单选按钮，应用设置调整图像颜色。

步骤 09：选择"画笔工具"，①在选项栏中将画笔"不透明度"和"流量"设置为100%，单击"选取颜色 1"图层蒙版，确认前景色为黑色，②使用画笔涂抹人物旁边的背景区域，还原背景部分的颜色。

步骤 10：选择"矩形选框工具"，在选项栏中设置"羽化"值为200像素，应用工具在图像中创建选区，按下 Ctrl+Shift+I 组合键，反选选区。

步骤 11：新建"色相/饱和度 1"调整图层，打开"属性"面板，在"属性"面板中将"明度"设置为+100，提亮选区中的图像，得到更加唯美的画面效果。

专家课堂

1. 如何更改调整图层中的各项参数值？

利用 Photoshop 中的"调整"命令对图像进行调整后，将不能再对其选项和参数值进行修改，若利用调整图层对图像进行明暗、色彩的调整，则可以通过"属性"面板反复修改调整图层中的各项参数值，以获取最佳的图像效果，修改调整图层中各项参数的具体操作方法如下。

步骤 01：在"图层"面板中选中需要编辑的调整图层，然后双击该调整图层的图层缩览图，如下左图所示。

步骤 02：双击调整图层缩览图后，即可打开相应的"属性"面板，在面板中查看到该调整图层选项设置的所有参数值，如下右图所示，此时可以根据图像的需要对各个参数进行修改，对调整图层选项进行修改后，画面中的颜色也会发生相应的变化。

2. 调整图层除了可以通过"创建"面板创建，是否还可以应用其他方式创建？

在 Photoshop 中可以通过多种方法创建调整图层，除了前面已经介绍的利用"创建"面板来快速创建调整图层，还可以利用"图层"菜单命令和"图层"面板来创建调整图层，具体方法如下。

步骤 01：执行"图层>新建调整图层"菜单命令，①打开"新建调整图层"下的子菜单，在该子菜单下提供了所有的调整图层选项，如下左图所示。选择需要创建的调整图层选项，打开"新建图层"对话框，在对话框中指定新建的调整图层名称、颜色以及模式等，如下右图所示，②设置后单击"确定"按钮即可在"图层"面板中创建一个调整图层。

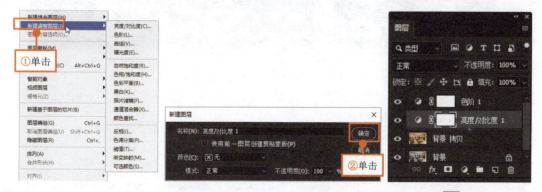

步骤 02：在"图层"面板下方提供了一个"创建新的调整和调整图层"按钮 ，单击该按钮，在打开的菜单下执行需要创建的调整图层命令，如下左图所示。执行命令后在"图层"面板中将创建对应的调整图层，如下右图所示，同时会打开"属性"面板，在面板中以便对调整选项进行设置。

3. 怎样对调整的区域进行精细修改？

新建调整图层后，都会在图层后方添加一个图层蒙版，在默认情况下，图层蒙版显示为白色，即把调整图层效果应用到整个图像中。当然用户可以通过编辑此蒙版，对调整区域做精细修改，即利用蒙版的遮罩功能，使用绘图工具在蒙版中涂抹，显示或隐藏一部分的色彩，具体操作步骤如下。

步骤 01：在"图层"面板中选中需要编辑的调整图层，①单击该调整图层蒙版缩览图，选中图层蒙版，如下左图所示。

步骤 02：选取"画笔工具" ，设置前景色为黑色，②在图像中对需要遮盖的区域进行涂抹，经过涂抹后可以看到被涂抹区域的调整图层效果被隐藏，如下右图所示，同时，"图层"面板中的被涂抹区域也将显示为黑色。

第 9 章　路径的创建和编辑

利用 Photoshop 的图形绘制工具可以创建出任意形态的矢量图形。在使用图形绘制工具绘制路径后，还可以结合"路径"面板对路径做进一步的编辑处理，即编辑锚点和路径形状，转换路径与选区等，通过编辑路径制作出满意的图形效果。

9.1　基本形状的绘制

Photoshop 中使用形状绘制工具可以创建基本的形状或工作路径。基本形状包含"矩形工具""圆角矩形工具""椭圆工具""多边形工具""直线工具"，使用这些工具可以完成简单图形的创建。

9.1.1　使用"矩形工具"为图像添加边框

使用"矩形工具"可以绘制出矩形路径或形状。选择"矩形工具"在画面中单击并拖动，即可沿拖动的对角线生成矩形图形，若按下 Shift 键的同时，再单击并拖动鼠标，则可以绘制正方形图形效果。

原始文件：随书资源\09\素材\01.jpg
最终文件：随书资源\09\源文件\使用"矩形工具"为图像添加边框.psd

步骤01：打开随书资源\09\素材\01.jpg 素材图像，在图像窗口中显示打开的素材图像。

步骤02：选择"矩形工具"，①在选项栏中设置工具模式为"形状"，②设置颜色为黑色，③在图像顶部单击并拖动，绘制一个矩形。

步骤03：确认"矩形工具"为选中状态，在图像下方单击并拖动，绘制一个同等宽度的矩形图形，创建对称的图形效果。

步骤04：选中"横排文字工具"，在"字符"面板中调整文字属性，在图像中单击并输入所需文字，修饰图像效果。

9.1.2 使用"椭圆工具"绘制彩虹图形

使用"椭圆工具"可以创建椭圆或正圆形。与"矩形工具"操作方法相似,选取工具箱中的"椭圆工具"后,在画面中单击并拖动鼠标,就可以完成椭圆或正圆形的绘制操作。

原始文件:随书资源\09\素材\02.jpg
最终文件:随书资源\09\源文件\使用"椭圆工具"绘制彩虹图形.psd

步骤 01:打开随书资源\09\素材\02.jpg 素材图像,选择"椭圆工具",①在选项栏中设置工具模式为"形状",②描边色为 R:153、G:102、B:153,③粗细为 15 像素,④在图像中绘制圆形。

步骤 02:①按下 Ctrl+J 组合键,复制图层,创建"椭圆 1 拷贝"图层,②按下 Ctrl+T 组合键,打开自由变换编辑框,将鼠标光标移到编辑框左上角,按下 Shift 键并向内侧拖动,缩小图形。

步骤 03:①在选项栏中单击描边选项,②在展开的面板中单击"拾色器"按钮,打开"拾色器(描边颜色)"对话框,③设置描边颜色为 R:98、G:94、B:170,设置后单击"确定"按钮。

步骤 04:更改选中椭圆的描边颜色,继续使用相同的方法,复制更多的椭圆图形,结合选项栏和"拾色器(描边颜色)"对话框,分别为椭圆指定不同的描边颜色。

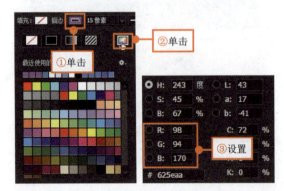

步骤 05:按下 Ctrl 键不放,依次单击所有椭圆形状图层,右击选中图层,在打开的菜单下执行"栅格化图层"命令,栅格化所有选中的形状图层。

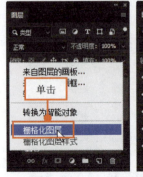

步骤 06：①按下 Ctrl+Alt+E 组合键，盖印选中图层，得到"椭圆 1 拷贝 6（合并）"图层，②单击下方"椭圆"至"椭圆 1 拷贝 6"图层前的"指示图层可见性"按钮，隐藏图层。

步骤 07：选中工具箱中的"快速选择工具"，在图像下方单击，创建选区，按下 Ctrl+J 组合键，复制选区内的图像，得到"图层 1"图层，调整图层顺序，将该图层移至最上方。

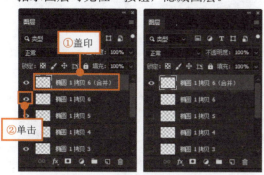

9.1.3 使用"圆角矩形工具"绘制复古行李牌

"圆角矩形工具"可以绘制带有平滑转角的矩形。在"圆角矩形工具"选项栏中可通过"半径"选项调整圆角的半径，半径值越大，所绘制的圆角弧度就越大。

原始文件：随书资源\09\素材\03.jpg
最终文件：随书资源\09\源文件\使用"圆角矩形工具"绘制复古行李牌.psd

步骤 01：打开随书资源\09\素材\03.jpg 素材，选中"圆角矩形工具"，①选择工具模式为"形状"，②设置填充色为 R:159、G:169、B:160，③设置"半径"为 80 像素，④在画面中绘制圆角矩形。

步骤 02：①在"圆角矩形工具"选项栏中将填充色设置为白色，②设置"半径"为 50 像素，③在已绘制的图形中间位置单击并拖动，绘制白色的圆角矩形。

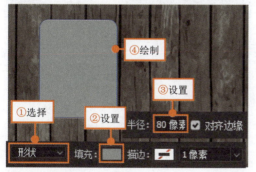

步骤 03：①在"圆角矩形工具"选项栏中将填充色设置为 R:159、G:169、B:160，②"半径"为 0 像素，③在图像中单击并拖动，绘制矩形。

步骤 04：①单击选项栏中的"路径操作"按钮，②在展开的列表中单击"合并形状"选项，继续在右侧绘制更多的矩形。

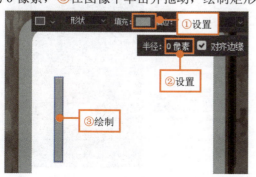

步骤 05：执行"编辑>变换路径>斜切"菜单命令，打开斜切编辑框，拖动编辑框上的控制点，调整图形效果。

步骤 06：选择"圆角矩形 3"图层，执行"图层>创建剪贴蒙版"菜单命令，创建剪贴蒙版，隐藏多余图形。

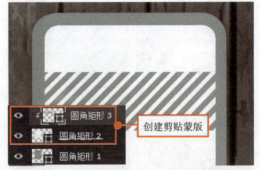

步骤 07：使用相同的方法完成更多圆角矩形的绘制，然后使用"椭圆工具"在顶部绘制镂空的圆形，再使用"横排文字工具"添加所需的文字效果。

步骤 08：选中除"背景"外的所有图层，单击"创建新组"按钮，将图层添加至图层组，按下Ctrl+J 组合键，复制图层组，调整图层组中图形和文字颜色。

9.1.4　使用"多边形工具"绘制抽象几何背景

运用"多边形工具"可以绘制任意边数的图形。在工具箱中选中"多边形工具"后，在选项栏中利用多边形选项可设置多边形的半径、平滑拐角以及星形等。

原始文件：随书资源\09\素材\04.jpg
最终文件：随书资源\09\源文件\使用"多边形工具"绘制抽象几何背景.psd

步骤 01：打开随书资源\09\素材\04.jpg 素材，选中"多边形工具"，①设置填充颜色为 R:180、G:180、B:180，②"边"为 5，③绘制多边形。

步骤 02：①单击选项栏中的"路径操作"按钮，②在打开的列表下单击"减去顶层形状"选项，③继续在图像中间绘制多边形图案。

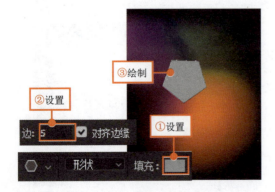  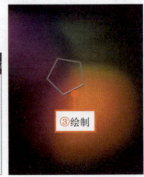

步骤 03：①在"图层"面板中选中"多边形 1"图层，②设置图层混合模式为"颜色减淡"，为图像叠加颜色。

步骤 04：使用"路径选择工具"选中绘制的多边形路径，按下 Alt 键的同时拖动，复制出多个多边形，并分别调整至合适的大小和位置。

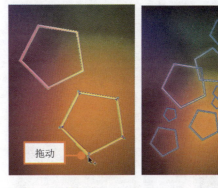

步骤 05：执行"图层>图层样式>外发光"菜单命令，打开"外发光"对话框，在对话框中设置"外发光"选项，单击"确定"按钮，为绘制的图形添加外发光效果。

步骤 06：①使用"多边形工具"在图像中绘制一个多边形图形，在"图层"面板中得到"多边形 2"形状图层，②将该图层的混合模式选择为"叠加"。

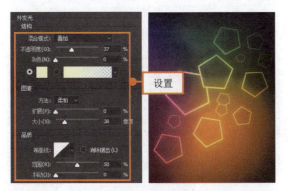

步骤 07：使用"路径选择工具"形状图层中的路径并对其进行复制，然后对大小和位置进行调整，添加多个多边形边框效果。

步骤 08：按下 Ctrl+J 组合键两次，复制"多边形 2"图层，分别调整图层中的图像大小和位置，使用"横排文字工具"添加文字，完善画面。

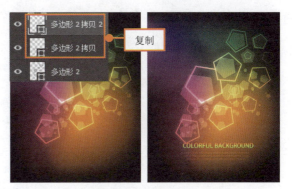

9.1.5 使用"直线工具"绘制箭头图形

使用"直线工具"可以绘制任意长短的直线，也可以在直线上添加箭头效果。在工具箱中选择"直线工具"，使用选项栏中的"粗细"选项可设置所绘制直线的宽度。

原始文件：随书资源\09\素材\05.jpg
最终文件：随书资源\09\源文件\使用"直线工具"绘制箭头图形.psd

步骤 01：打开随书资源\09\素材\05.jpg 素材图像，选中"直线工具"，①设置"粗细"为 50 像素，②单击"几何体选项"按钮，③在展开的面板中设置各选项。

步骤 02：根据设置的几何体选项，①使用"直线工具"在页面中单击并拖动，绘制箭头图案，在"图层"面板中得到"形状 1"图层，②双击该图层，打开"图层样式"对话框。

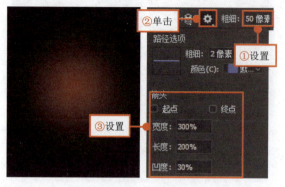

步骤 03：在"图层样式"对话框，①设置"描边"样式，输入"大小"为 18 像素，②设置颜色为白色，单击"确定"按钮。

步骤 04：为绘制的箭头添加描边效果，按下 Ctrl+J 组合键，复制箭头图形，然后调整其位置后，将箭头颜色更改为 R:255、G:51、B:0。

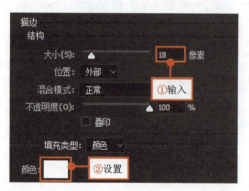
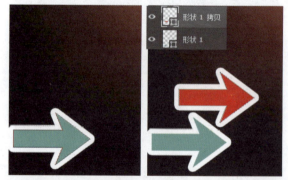

步骤 05：继续使用同样的方法在图像中创建更多的箭头图案，运用文字工具在绘制的图像的合适位置输入文字。

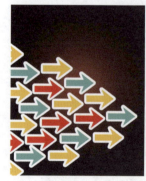
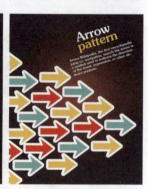

9.2 绘制任意形状

在 Photoshop 中除了可以绘制最基本的形状，还可以利用不规则形状工具绘制任意形状。可以使用"自定形状工具""钢笔工具"和"自由钢笔工具"来实现任意形状的绘制。

9.2.1 使用"自定形状工具"为图像添加花纹

使用"自定形状工具"可以直接绘制 Photoshop 提供的多种预设图形形状,也可以将各种路径存储为形状,然后再用于图像的绘制。

原始文件: 随书资源\09\素材\09.jpg
最终文件: 随书资源\09\源文件\使用"自定形状工具"为图像添加花纹.psd

步骤 01: 打开随书资源\09\素材\09.jpg 素材图像,①使用"快速选择工具"在人物上方单击,创建选区,执行"选择>修改>羽化"菜单命令,②在打开的对话框中设置"羽化半径"为 1 像素,③单击"确定"按钮,创建羽化选区。

步骤 02: ①按下 Ctrl+J 组合键,复制选区内的图像,创建"图层 1"图层,选择"自定形状工具",在选项栏中打开"自定形状"拾色器,②单击"装饰 5"形状,③设置前景色为 R:79、G:30、B:24,在人物左侧绘制形状。

步骤 03: ①按下 Ctrl+J 组合键,复制形状图层,创建"形状 1 拷贝"图层,②执行"编辑>变换>水平翻转"菜单命令,翻转图像。

步骤 04: ①在"自定形状"拾色器中单击"拼贴 1"形状,②在图像中单击并拖动,绘制图形,使用"横排文字工具"在图像中添加文字。

9.2.2 使用"钢笔工具"为画面添加人物剪影

运用"钢笔工具"可绘制出任意形态的路径效果。通过单击添加锚点,并将两个锚点用直线或曲线连接起来,即可组合成图像。选中"钢笔工具"后,在选项栏中可通过设置工具模式来选择绘制路径或图形。

原始文件: 随书资源\09\素材\07.jpg
最终文件: 随书资源\09\源文件\使用"钢笔工具"为画面添加人物剪影.psd

步骤 01：打开随书资源\09\素材\07.jpg 素材图像，在图像窗口中显示未绘制人物剪影时的画面效果。

步骤 02：选择"钢笔工具"，①在选项栏中设置工具模式为"形状"，②设置填充颜色为黑色，③在图像中单击，确定起始锚点。

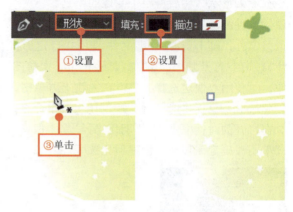

步骤 03：将鼠标光标移到另一位置，单击鼠标左键，添加第二个路径锚点，并用一条直线连接两个路径锚点。

步骤 04：将鼠标光标移到另一位置，单击鼠标左键并拖动，添加第三个路径锚点，并用曲线连接两个路径锚点。

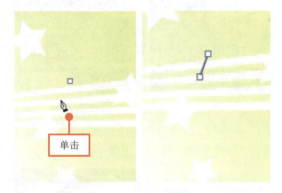

步骤 05：继续运用"钢笔工具"进行图形的绘制，当绘制的终点与起点重合时，鼠标光标将变为 形，此时单击鼠标左键，即创建封闭的图像，完成人物剪影的绘制。

9.2.3 使用"自由钢笔工具"快速绘制图形

使用"自由钢笔工具"可通过移动鼠标光标的轨迹绘制出路径。在绘图时，无须确定锚点位置，因此"自由钢笔工具"常用于简单形态的图形的绘制。

原始文件：无
最终文件：随书资源\09\源文件\自由钢笔工具.psd

步骤01：创建新文件，①新建"图层1"图层，②设置前景色为 R:102、G:119、B:113，按下 Alt+Delete 组合键，将图层填充颜色。

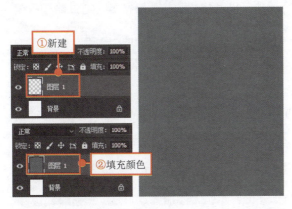

步骤02：选择"矩形工具"，在选项栏中设置工具模式为"形状"，在背景中单击并拖动，绘制多个不同颜色的矩形。

步骤03：选中"自由钢笔工具"，①在选项栏中设置工具模式为"形状"，②设置填充色为 R:89、G:83、B:57，③在画面中单击并拖动，绘制勺子和叉子路径。

步骤04：执行"图层>图层样式>描边"菜单命令，打开"图层样式"对话框，①在对话框中设置"大小"为24像素，②颜色为白色，单击"确定"按钮，为图形添加描边效果。

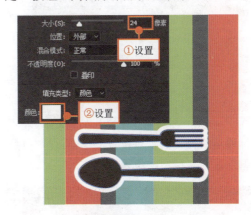

步骤05：选中"自由钢笔工具"，应用前面设置的工具选项，在餐具上方绘制厨师帽子图形，并为其添加相同的"描边"样式。

步骤06：选择工具箱中的"横排文字工具"，在画面下方单击并输入所需文字，结合"字符"面板，调整文字属性。

9.3 路径的编辑

在图像中绘制路径后，可以结合路径编辑工具和"路径"面板对所绘制的路径做进一步编辑。路径的编辑包括为路径添加或删除锚点、转换路径和选区以及填充和描边路径等，通过路径的编辑，可以设置出更漂亮的图形。

9.3.1 添加和删除锚点更改图像

绘制路径或形状图层后，可利用"添加锚点工具"和"删除锚点工具"在路径上添加或删除锚点，以调整路径形态。使用"添加锚点工具"在路径上需要添加锚点的位置单击可添加路径锚点，而使用"删除锚点工具"在路径锚点上单击可以删除该锚点。

原始文件：随书资源\09\素材\08.jpg
最终文件：随书资源\09\源文件\添加和删除锚点更改图形.psd

步骤 01：打开随书资源\09\素材\08.jpg 素材图像，选择"椭圆工具"，在图像中按下 Shift 键单击并拖动，绘制正圆。

步骤 02：单击"添加锚点工具"按钮，将鼠标光标移至路径上，在路径上需要添加锚点的位置上单击，添加一个新的锚点。

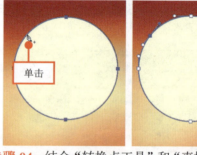

步骤 03：单击"删除锚点工具"按钮，将鼠标光标移至路径上的锚点位置，单击鼠标左键，即可删除鼠标光标所在位置的锚点。

步骤 04：结合"转换点工具"和"直接选择工具"调整路径线条和锚点，将图形转换为月亮形状。

步骤 05：选择工具箱中的"多边形工具"，①设置"边数"为 4，②勾选"星形"复选框，③设置"缩进边依据"为 70%，在图像中绘制上星形图形，然后载入"梦幻星光和泡泡装饰笔刷"，使用"画笔工具"绘制出更多星光图案。

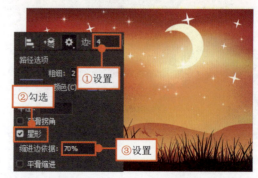

9.3.2 将路径转换选区抠出精细的图像

在 Photoshop 中创建的任何路径都可以将其建立为选区。单击"路径"面板中的"将路径作为选区载入"按钮 可将路径快速转换为选区，还可以使用"建立选区"对话框创建选区，并对选区进行羽化等设置。

原始文件：随书资源\09\素材\09.jpg、10.jpg

最终文件：随书资源\09\源文件\将转换路径和选区抠出精细的图像.psd

步骤 01：打开随书资源\09\素材\09.jpg、10.jpg 素材图像，运用"选择工具"将 10.jpg 化妆品图像拖动到 09.jpg 图像上方，复制图像得到"图层 1"图层。

步骤 02：选中工具箱中的"钢笔工具"，①在选项栏中设置工具模式为"路径"，②沿着画面中的化妆品边缘绘制路径。

步骤 03：①在"路径"面板中单击绘制的路径，②单击右上角的扩展按钮 ，③在打开的菜单下单击"建立选区"命令。

步骤 04：打开"建立选区"对话框，①在对话框中设置"羽化半径"为 1 像素，②单击"确定"按钮，创建选区效果。

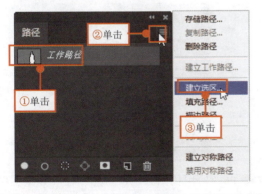

步骤 05：①按下 Ctrl+J 组合键，复制选区中的图像，创建"图层 2"图层，②单击"图层 1"图层前的"指示图层可见性"按钮 ，隐藏图层。

步骤 06：按下 Ctrl+J 组合键，复制"图层 2"图层，将复制的"图层 2 拷贝"图层中的图像缩放并移至所需位置，最后添加文字修饰画面效果。

9.3.3 使用"填充路径"为图像上色

绘制路径后，可以对绘制的路径进行填充操作。在 Photoshop 中，不仅可用前景色填充路径，还可以使用"填充路径"对话框设置更多的填充方式。单击"路径"面板中的扩展按钮，在打开菜单下执行"填充路径"命令即可打开该对话框。

原始文件：随书资源\09\素材\11.jpg
最终文件：随书资源\09\源文件\使用"填充路径"为图形上色.psd

步骤 01：打开随书资源\09\素材\11.jpg 素材图像，①使用"钢笔工具"绘制路径，②设置前景色为 R:241、G:242、B:242，③创建"图层 1"。

步骤 02：打开"路径"面板，①在面板中选择绘制的路径，②单击面板下方的"用前景色填充路径"按钮，填充路径。

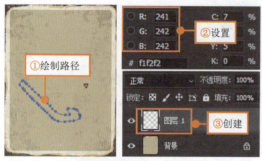

步骤 03：①新建"图层 2"图层，②单击"路径"面板右上角的扩展按钮，③在打开菜单下执行"填充路径"命令。

步骤 04：打开"填充路径"对话框，①在对话框中选择"图案"，②在下方选择一种图案，③设置"模式"为"柔光"，④"不透明度"为 20。

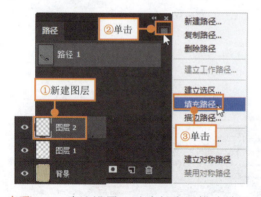
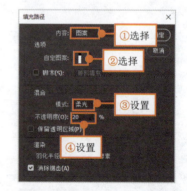

步骤 05：确认设置，对路径应用描边效果，使用"钢笔工具"在图像中绘制更多的路径，在"路径"面板中得到对应的路径缩览图。

步骤 06：应用相同方法，填充路径，完成图像的绘制，最后使用"横排文字工具"在画面中添加文字，完善效果。

9.3.4 使用"描边路径"为图像添加描边效果

对于创建的工作路径不但可以进行填充操作，还可以进行描边设置。在 Photoshop 中，可以执行"路径"面板菜单中的"描边路径"命令或单击"路径"面板中的"用画笔描边路径"按钮，对选择或绘制的路径应用描边效果。

原始文件：随书资源\09\素材\12.jpg、13.jpg
最终文件：随书资源\09\源文件\使用"描边路径"为图像添加描边效果.psd

步骤 01：打开随书资源\09\素材\12.jpg、13.jpg 素材图像，将 13.jpg 人物图像复制到 12.jpg 图像上方，创建"图层 1"图层，并将前景色设置为白色。

步骤 02：①使用"钢笔工具"沿人物图像边缘绘制路径，选择"画笔工具"，②在"画笔预设"选取器中单击"常规画笔"组中的"硬边圆"笔刷，③设置"大小"为 12 像素。

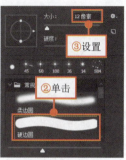

步骤 03：①单击"创建新图层"按钮，新建"图层 2"图层，打开"路径"面板，②选择"工作路径"，③单击"用画笔描边路径"按钮。

步骤 04：应用选择的"硬边圆"画笔描边路径，得到白色的边框效果，按下 Ctrl+Enter 组合键，将路径转换为选区。

步骤 05：①选择"图层 1"图层，②按下 Ctrl+J 组合键，复制选区中的图像，创建"图层 3"图层，③隐藏"图层 1"图层。

步骤 06：执行"选择>选择并遮住"菜单命令，打开"选择并遮住"工作区，①选择"调整边缘画笔工具"，②涂抹去除多余图像。

9.4 制作简约风格的儿童插画

在新建的文件中，将简单的几何图形和任意弯曲的路径组合在一起，可以得到各种风格的图像。在 Photoshop 中运用基本形状工具在图像中添加背景图案，然后使用任意形状工具绘制路径，将其转换为选区，并填充颜色，将路径用色彩表现，制作出简约风格的儿童插画效果。

原始文件： 无
最终文件： 随书资源\09\源文件\制作简约风格的儿童插画.psd

步骤 01： 执行"文件>新建"菜单命令，在打开的对话框中，①输入名称，②设置"宽度"和"高度"为 1250 像素，③分辨率为 300 像素/英寸，创建新文件。

步骤 02： ①设置前景色为 R:254、G:185、B:19，选择"矩形工具"，②在选项栏中设置工具模式为"像素"，③新建"图层 1"图层，绘制矩形。

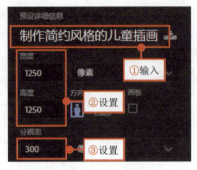
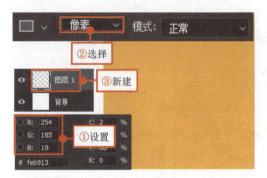

步骤 03： ①设置前景色为 R:107、G:148、B:29，②新建"图层 2"图层，③选中"矩形工具"，在图像下方绘制矩形。

步骤 04： 更改颜色，继续使用"矩形工具"在图像中绘制更多不同大小的矩形。

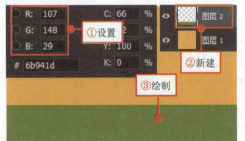
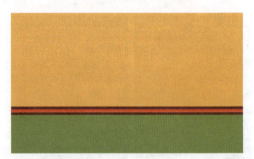

步骤 05： 选中"自定形状工具"，①在选项栏中设置工具模式为"形状"，②填充色设置为白色，③在"自定形状"拾色器中单击"轨道"形状，④在图像中绘制形状。

步骤 06： ①双击"形状 1"图层，打开"图层样式"对话框，在对话框中设置"描边"样式，②输入"大小"为 3 像素，③颜色设置为 R:195、G:147、B:12，单击"确定"按钮。

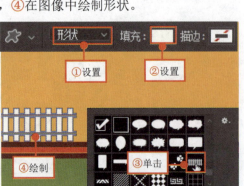
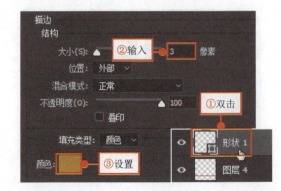

步骤 07：根据设置的"描边"选项，为绘制的形状添加描边效果。

步骤 08：连续按下 Ctrl+J 组合键，复制形状图层，然后使用"移动工具"分别移动各形状图层中图形的位置。

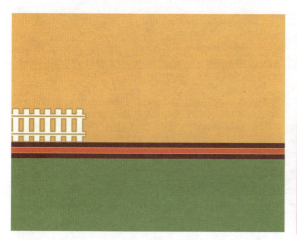

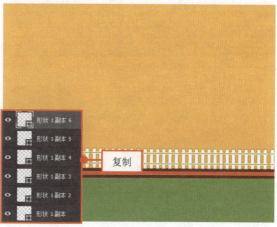

步骤 09：选择"自定形状工具"，①在选项栏中将填充颜色设置为 R:254、G:201、B:41，打开"自定形状"拾色器，②单击"螺线"形状，③在图像中绘制形状。

步骤 10：①双击"形状 2"图层，打开"图层样式"对话框，在对话框中勾选"描边"复选框，②设置"大小"为 2 像素，③颜色设置为 R:254、G:201、B:41，单击"确定"按钮。

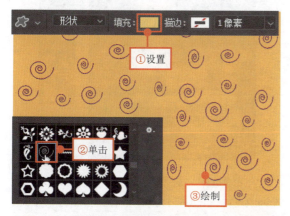

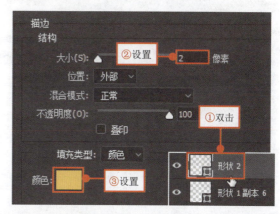

步骤 11：根据设置的"描边"选项为绘制的形状添加描边效果，使螺旋线条变得更粗一些。

步骤 12：选择"画笔工具"，打开"画笔预设"选取器，①导入并展开"旧版画笔"，②单击"默认画笔"下方的"树叶画笔投影"笔刷。

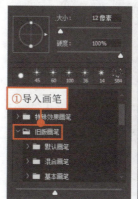 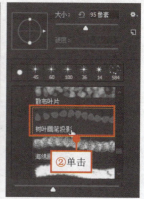

步骤 13： 设置前景色为白色，按下键盘中的[键，或]键，将画笔调整至合适的大小，在图像中单击，绘制树叶图案。

步骤 14： 单击工具箱中的"钢笔工具"按钮，①在选项栏中设置工具模式为"路径"，②在图像上方绘制路径选择。

步骤 15： ①新建"图层 6"图层，②设置前景色为 R:197、G:154、B:109，打开"路径"面板，③单击"用前景色填充路径"按钮，填充路径。

步骤 16： 选择"画笔工具"，①在"画笔预设"选取器中单击"硬边圆"笔刷，②设置"大小"为 3 像素，③前景色为黑色。

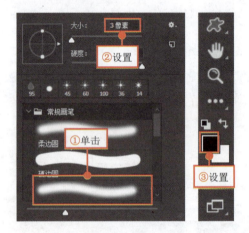

步骤 17： ①新建"图层 7"图层，打开"路径"面板，选中路径，②单击"用画笔描边路径"按钮，应用选择的画笔描边路径。

步骤 18： 选中"画笔工具"，分别将前景色设置为 R:237、G:206、B:206 和 R:242、G:94、B:35，创建新图层，涂抹耳朵和脸部区域，添加颜色。

步骤 19：选择"钢笔工具"，在选项栏中将工具模式设置为"形状"，在画面中绘制更多的图形并填充所需颜色。

步骤 20：选中"自定形状工具"，①在选项栏设置填充色为 R:232、G:30、B:37，打开"自定形状"拾色器，②单击"冬青树"形状，③绘制图形。

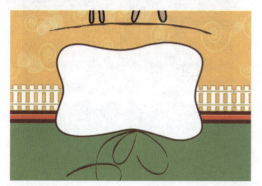

步骤 21：①双击"形状 6"图层，打开"图层样式"对话框，设置"描边"样式，②输入"大小"为 3 像素，③设置为黑色，单击"确定"按钮。

步骤 22：为形状添加描边效果，按下 Ctrl+J 组合键，复制形状图层，创建"形状 6 副本"图层，将图层中的图形调整至合适的大小和位置。

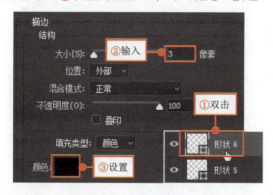
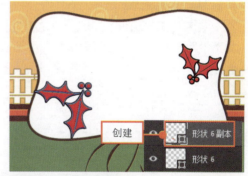

步骤 23：选择"直线工具"，在画面底部绘制水平和垂直排列的线条，得到"形状 7"图层，①选择图层混合模式为"叠加"，②设置"不透明度"为 40%，最后输入文字，完善画面效果。

专家课堂

技巧 1：如何在"自定形状"拾色器中载入形状？

使用"自定形状工具"不但可以直接绘制 Photoshop 中提供的多种预设的图形形状，也可以将绘制的路径存储为形状，通过载入形状的方式将其添加至"自定形状"拾色器中，然后单击选择直接进行绘制，具体操作方法如下。

步骤 01：选中"自定形状工具"，单击"自定形状"拾色器右上角的扩展按钮 ，①在打开的菜单下执行"载入形状"命令，如下左图所示。

步骤 02：打开"载入"对话框，②在对话框中选择需要载入的形状，③单击"载入"按钮，如下右图所示。载入形状后，被载入的形状将自动存储于"自定形状"拾色器下方。

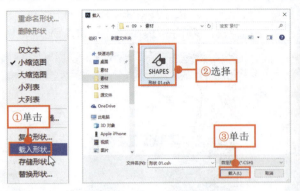 

技巧 2：如何复位默认的预设形状？

"自定形状工具"不但可以添加形状，而且可以在用户添加较多形状后，对形状进行复位。当"自定形状"拾色器中包括了数量较多的形状时，选择需要的形状就会显得很麻烦，此时就需要对形状进行复位操作，具体操作方法如下。

步骤 01：单击"自定形状"拾色器右上角的扩展按钮，①在打开的菜单下执行"复位形状"命令，如下左图所示。

步骤 02：打开提示对话框，提醒用户是否进行形状的恢复操作，②单击"确定"按钮即可复位形状，如下中图所示。默认的预设形状如下图所示。

技巧 3：怎样快速创建新的工作路径？

在图像中创建路径时，会自动将路径存储为"工作路径"并保存到"路径"面板中，同时，用户也可以通过"路径"面板来快速创建路径，或将图像中添加的选区转换为工作路径，在 Photoshop 中创建新路径可以通过多种操作方法来完成，具体操作方法如下。

方法 1：打开"路径"面板，单击"路径"面板下方的"创建新路径"按钮，如下左图所示，可快速创建一个工作路径。

方法 2：创建路径后生成的"工作路径"也可以新建为路径，即把"工作路径"拖动至"创建新路径"按钮上，如下中图所示。松开鼠标，将路径存储为"路径 1"，如下右图所示。

第 10 章　文字的编辑和应用

文字能够准确、直观地传递信息，是一幅完整的设计作品中必不可少的内容。在 Photoshop 中通过文字工具可以直接在图像中的任意位置输入文字，并对输入的文字进行字体、字号、变形等效果的设置。

10.1　文字的创建

在 Photoshop 中可以利用"横排/直排文字工具"在画面中直接创建文字，也可以利用"横排/直排文字蒙版工具"创建文字选区，然后对选区进行颜色或图案的填充，使文字呈现出更加丰富的效果。在图像中创建文字后，也可以根据版面需要更改文字的方向。

10.1.1　应用"横排/直排文字工具"添加文字

利用"横排文字工具"可以在图像中输入横向排列的文字，利用"直排文字工具"则可以在图像中创建单列的文字。在工具箱中选择"横排/直排文字工具"后，可以在图像中通过单击鼠标左键的方式创建单行的文字，还可以利用选项栏调整字号、颜色、样式等。

原始文件： 随书资源\10\素材\01.jpg
最终文件： 随书资源\10\源文件\应用"横排/直排文字工具"添加文字.psd

步骤 01： 打开随书资源\10\素材\01.jpg 图像，选择"横排文字工具"，打开"字符"面板，①设置文字属性，②在图像上单击并输入文字。

步骤 02： ①在"字符"面板中设置字体、字号等属性，②在已输入的文字下方单击，输入新的文字效果。

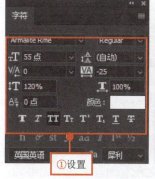

步骤 03： 结合"横排文字工具"和"字符"面板，在图像中添加更多的文字，得到丰富的画面效果。

步骤 04： 选择"直线工具"，①在选项栏中设置"粗细"为 2 像素，②在画面中绘制一条水平直线，③复制出一条同等长度的线条。

步骤 05：选择"自定形状工具"，①在"自定形状"拾色器中单击"花 2"形状，②在文字下方绘制装饰的图形。

步骤 06：选择"直排文字工具"，①打开"字符"面板，设置文字属性，②在披萨图像右侧单击输入垂直排列的文字。

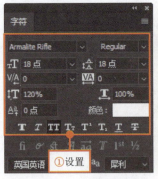

步骤 07：①使用"直排文字工具"在文字上单击并拖动，选中英文 MUSHROOM，②单击"颜色"右侧的颜色块，打开"拾色器（文本颜色）"对话框。

步骤 08：在"拾色器（文本颜色）"对话框中输入颜色值为 R:148、G:78、B:52，设置后单击"确定"按钮，更改颜色，利用相同的文字完成其他文字的调整。

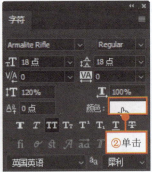

10.1.2　使用"横排/直排文字蒙版工具"创建文字选区

利用"横排/直排文字蒙版工具"可在图像中创建一个文字形状的选区。选择"横排/直排文字蒙版工具"，在图像上单击并输入文字，此时将会在现有图层上出现一个红色的蒙版，退出蒙版时文字选区将出现在现有图层上的图像中。

原始文件： 随书资源\10\素材\02.jpg
最终文件： 随书资源\10\源文件\使用"横排/直排文字蒙版工具"创建文字选区.psd

步骤 01：打开随书资源\10\素材\02.jpg 素材图像，选择"横排文字蒙版工具"，在图像上方单击，出现蒙版后输入文字。

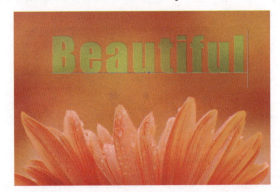

步骤 02：单击工具箱中的"移动工具"按钮，退出蒙版状态，可看到输入的文字被创建为选区。

步骤 03：①按下 Ctrl+J 组合键，复制选区内的图像，创建"图层 1"图层，②在"图层"面板中将图层混合模式设置为"叠加"。

步骤 04：双击"图层 1"图层，打开"图层样式"对话框，①在对话框中勾选"斜面和浮雕"复选框，②在展开的选项卡中设置样式。

步骤 05：勾选"图层样式"对话框中的"纹理"复选框，单击"图案"下拉按钮，选择纹理，单击"确定"按钮，应用图层样式。

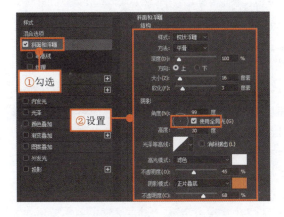

10.1.3 横排/直排文字的转换

使用"横排文字工具"在画面中创建横排文字后，单击选项栏中的"切换文本取向"按钮，可以将横排文字转换为直排文字；反之，使用"直排文字工具"在画面中创建直排文字后，单击该按钮则可以将直排文字转换为横排文字。

原始文件：随书资源\10\素材\03.jpg
最终文件：随书资源\10\源文件\横排/直排文字的转换.psd

步骤 01：打开随书资源\10\素材\03.jpg 素材图像，单击工具箱中的"横排文字工具"按钮，打开"字符"面板，在面板中设置文字属性。

> **技巧提示**：在使用横排/直排文字工具输入文字时，按下 Enter 键可以进行文字的换行操作，而按下键盘上的空格键，则可以在文字中添加空格以调整文字的输入位置。

步骤 02：将鼠标光标移到画面中，单击显示光标插入点，然后在光标插入点后方输入所需文字，可以看到输入的文字沿水平方向排列。

步骤 03：单击文字工具选项栏中的"切换文本取向"按钮，将输入的文字更改为垂直排列效果。

10.2　字符和段落的调整

对于图像中已经输入的文字，可以使用"字符"面板调整文字图层所有文字的字体、字号、样式、间距以及颜色等，也可以单独选择某个文字对象，调整其字号、颜色等，还可以创建段落文本，并使用"段落"面板调整文本的对齐方式等。

10.2.1　调整文字字体和字号

在图像中创建文字后，还可以利用"字符"面板对选中的文字字体和字号进行更改，以调整出适合图像的文字效果。在更改文字字体和字号时，可以通过"字符"面板或文字工具选项栏中的字体系列和字号下拉列表框中的选项来调整。

原始文件： 随书资源\10\素材\04.jpg
最终文件： 随书资源\10\源文件\调整文字字体和大小.psd

步骤 01：打开随书资源\10\素材\04.jpg 素材图像，选择"横排文字工具"，❶打开"属性"面板，设置文字属性，❷在图像中单击并输入文字。

步骤 02：使用"横排文字工具"在输入的文字上方单击并拖动鼠标，选中第二排文字，使其反向显示。

> **技巧提示：** 使用"横排/直排文字工具"输入文字时，为了更大程度地控制文字在路径上的垂直对齐方式，可以调整"字符"面板中的"基线偏移"选项。例如，在"基线偏移"文本框中输入负值可使文字的位置降低。

步骤 03：打开"字符"面板，①在面板中设置字体为"Freehand521 BT"，②字号设置为 48 点，③行距设置为 48 点，在图像上查看设置后的文字效果。

步骤 04：执行"图层>图层样式>投影"菜单命令，①在打开的对话框中设置投影颜色为 R:105、G:52、B:8，②"不透明度"为 100%，③"距离"为 15 像素，单击"确定"按钮，添加投影。

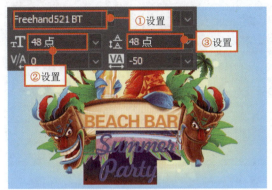

10.2.2 更改文本颜色

使用文字工具在图像中输入文字时，文字默认为前景色显示，输入文字后如需更改文本颜色，可以在"字符"面板中利用颜色选项对文字颜色进行重新设置，也可以直接单击选项栏中的颜色块，打开"选择文本颜色"对话框，对文字颜色进行设置。

原始文件：随书资源\10\素材\05.jpg
最终文件：随书资源\10\源文件\更改文本颜色.psd

步骤 01：打开随书资源\10\素材\05.jpg 素材，选中"横排文字工具"，①设置字体设置为 Arial，②字号设置为 100 点，③在图像中输入文字。

步骤 02：使用"横排文字工具"在图像中继续输入英文，结合选项栏调整输入文字的字体和字号等。

步骤 03：①使用"横排文字工具"在字母 C 上单击并拖动，②单击选项栏中的色块。

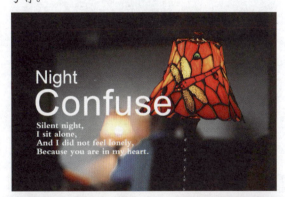
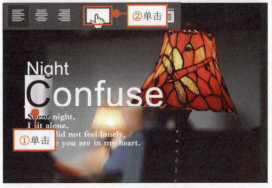

> **技巧提示**：更改文本颜色，也可以打开"字符"面板，单击面板中的"设置文本颜色"色块，打开"拾色器（文本颜色）"对话框进行颜色的设置。

步骤 04：打开"拾色器（文本颜色）"对话框，①在对话框中设置颜色为 R:198、G:6、B:0，②单击"确定"按钮。

步骤 05：单击工具箱中的"移动工具"按钮，退出文字选中状态，可看到字母 C 被改为红色的效果。

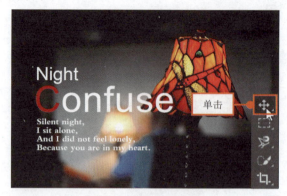

步骤 06：运用相同的方式选中其他字母，在选项栏中单击颜色块，打开"拾色器（文本颜色）"对话框，为文字设置不同的颜色效果，双击 Night 文字图层，

步骤 07：打开"图层样式"对话框，设置"投影"样式，①设置"不透明度"为 75%，②"角度"为 150 度，③"距离"为 5 像素，④"大小"为 5 像素，设置后单击"确定"按钮。

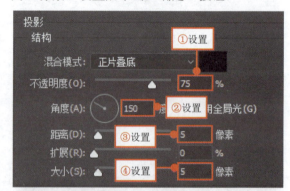

步骤 08：为文字 Night 添加投影效果，用相同的方法，为图像中的其他文字也添加相同的投影样式。

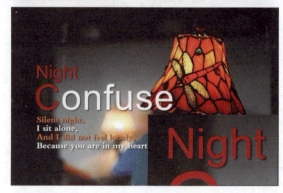

10.2.3 输入段落文字

使用"横排/直排文字工具"可以创建出段落文字，使用文字工具在图像中单击并拖动创建出一个文本框，输入的文字以该文本框的大小进行排列，成为段落文字。在创建段落文字后，可以通过调整文本框，变换文字的排列效果。

原始文件：随书资源\10\素材\06.jpg
最终文件：随书资源\10\源文件\输入段落文字.psd

步骤 01：打开随书资源\10\素材\06.jpg 素材图像，选择"横排文字工具"，在图像中单击并拖动，绘制文本框。

步骤 02：打开"字符"面板，①在面板中设置字体和字号等属性，②将光标插入点置于文本框中，输入所需的文字。

步骤 03：①使用"横排文字工具"在图像右侧再绘制一个文本框，打开"字符"面板，②设置文字属性。

步骤 04：将鼠标光标插入点置于文本框中，然后单击输入所需的文本，可以看到输入的文字被显示在文本框中。

10.2.4 指定文本对齐方式

利用"段落"面板可以指定段落的对齐方式，即调整文字与段落的某个边缘对齐方式。在 Photoshop 中包含"左对齐文本""居中对齐文本""右对齐文本""最后一行左对齐""最后一行居中对齐""最后一行右对齐"和"全部对齐"7 种对齐方式。

原始文件：随书资源\10\素材\07.jpg
最终文件：随书资源\10\源文件\指定文本对齐方式.psd

步骤 01：打开随书资源\10\素材\07.jpg 素材图像，使用"横排文字工具"在图像中添加段落文本，并应用"移动工具"选中右侧段落文本。

步骤 02：执行"窗口>段落"菜单命令，打开"段落"面板，单击面板中的"居中对齐文本"按钮。

步骤 03：将文本框中的段落文本由默认的"左对齐文本"方式更改为"居中对齐文本"方式，在图像窗口中查看居中对齐的文本效果。

10.3 文字变形

利用文字工具创建文字后，还可以利用 Photoshop 提供的各种变形处理功能，为文字进行特殊的变形处理，包括在路径上添加文字、通过样式为文字指定变形效果、将文字转换为路径以及栅格化文字等。

10.3.1 在路径上创建文字

利用图形绘制工具在图像中创建路径后，选择文字工具在路径上单击并输入文字，可以将文字沿路径形态进行排列，从而制作出更灵活的路径文字。创建路径文字后，当对路径形态进行调整时，路径上的文字也会根据其形态的变化而发生变化。

原始文件：随书资源\10\素材\08.jpg
最终文件：随书资源\10\源文件\在路径上创建文字.psd

步骤 01：打开随书资源\10\素材\08.jpg 素材图像，使用"钢笔工具"在图像中绘制一条路径。

步骤 02：使用"横排文字工具"在路径左侧单击，转换成文字路径，确定输入起点。

步骤 03：在光标闪烁位置输入文字，输入后文字沿绘制的路径形态进行排列。

步骤 04：使用"横排文字工具"在文字上单击并拖动，选中文字。

步骤 05：结合"横排文字工具"和"字符"面板，调整输入的路径文本的字号和颜色，在图像窗口查看调整后的效果。

步骤 06：按下 Ctrl+J 组合键，复制一个文字图层，按下 Ctrl+T 组合键，出现变换编辑框后，单击并拖动，旋转文字。

10.3.2 通过样式设置变形

利用"横排/直排文字工具"在图像中输入文字后，可通过"变形文字"命令为文字设置各种样式的变形效果。执行"文字>文字变形"菜单命令，打开"变形文字"对话框，在对话框中选择扇形、弧形、拱形等 12 种样式，为文字添加艺术化的变形效果。

原始文件：随书资源\10\素材\09.jpg
最终文件：随书资源\10\源文件\通过样式设置变形.psd

步骤 01：打开随书资源\10\素材\09.jpg 素材图像，选择"横排文字工具"，打开"字符"面板，①设置文字属性，②在画面中输入文字。

步骤 02：执行"文字>文字变形"菜单命令，打开"变形文字"面板，①在面板中选择"扇形"，②设置"弯曲"为+38%，③单击"确定"按钮。

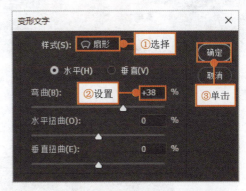

步骤 03：设置变形样式后，在图像中查看对文字进行变形处理后的弯曲效果。

步骤 04：双击文字图层，打开"图层样式"对话框，①勾选"渐变叠加"复选框，②设置样式。

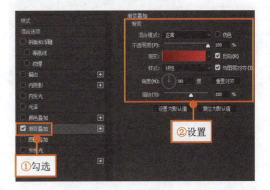

步骤 05：①在"图层样式"对话框中勾选"描边"样式，②在展开的选项卡中设置选项。

步骤 06：设置"渐变叠加"和"描边"样式后，在图像窗口中查看到添加样式后的文字效果。

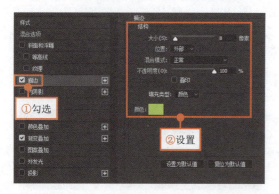

步骤 07：按下 Ctrl 键不放，①单击"图层"面板中的文字图层缩览图，载入文字选区，②在"背景"图层上方创建"图层 1"图层。

步骤 08：执行"编辑>描边"菜单命令，打开"描边"对话框，①设置"宽度"为 20 像素，②颜色为 R:107、G:144、B:61，③单击"居外"按钮，描边选区。

步骤 09：选择"横排文字工具"，打开"字符"面板，①在面板中设置文字属性，②使用"横排文字工具"在图像中输入文字。

步骤 10：执行"文字>文字变形"菜单命令，打开"变形文字"面板，①选择"花冠"样式，②设置"弯曲"为+27%，单击"确定"按钮，对文字应用变形效果。

10.3.3 文字转换为路径进行变形

创建文字后，通过执行"文字"菜单中的"转换为形状"命令，可以将文字转换为形状。将文字转换为形状时，可以使用路径编辑工具对文字路径锚点进行编辑，从而更改路径形状，调整出任意形状的文字效果。

原始文件：随书资源\10\素材\10.jpg
最终文件：随书资源\10\源文件\文字转换为路径进行变形.psd

步骤 01：打开随书资源\10\素材\10.jpg 素材图像，使用"横排文字工具"在图像中输入文字。

步骤 02：执行"文字>转换为形状"菜单命令，将输入的文字转换为形状。

步骤 03：使用"直接选择工具"在路径文字上单击并拖动锚点，调整各路径文字的位置。

步骤 04：结合路径编辑工具继续对路径文字上的锚点进行设置，得到变形的路径文字。

步骤 05：执行"图层>图层样式>渐变叠加"菜单命令，打开"图层样式"对话框，设置"渐变叠加"选项，①设置从 R:101、G:190、B:42 到 R:67、G:186、B:167 颜色渐变，②样式选择为"对称的"，其他参数不变，单击"确定"按钮。

步骤 06：设置"渐变叠加"图层样式选项后，在图像窗口中可看到添加渐变色后的文字，继续使用"横排文字工具"在图像下方输入更多文字效果。

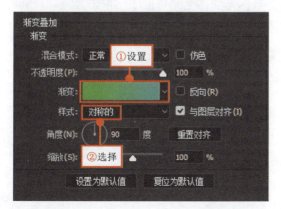

10.3.4 栅格化文字图层

在图像中输入文字后，会在"图层"面板中自动创建出文字图层，文字图层是特殊的图层，它会保留文字的基本属性信息，但文字图层在编辑时有一定的限制，例如不能填充渐变颜色、不能应用滤镜等，此时可将文字图层栅格化，转换为普通的像素图层，再对文字做更多的编辑和应用。

原始文件：随书资源\10\素材\11.jpg
最终文件：随书资源\10\源文件\栅格化文字图层.psd

步骤 01：打开随书资源\10\素材\11.jpg 素材图像，打开"字符"面板，①在面板中设置文字属性，②在图像中间位置输入文字。

步骤 02：①在"图层"面板中选中文字图层，②执行"文字>栅格化文字图层"命令，将文字图层转换为像素图层。

步骤 03：打开"图层"面板，在面板中按下 Ctrl 键不放，单击转换后的像素图层缩览图，载入图层选区。

步骤 04：选择"渐变工具"，单击选项栏中的渐变条，打开"渐变编辑器"对话框，①设置从 R:41、G:162、B:235 到白色，再到 R:41、G:162、B:235 的渐变颜色，②单击"确定"按钮。

步骤 05：①单击选项栏中的"线性渐变"按钮，②从选区左侧向右拖动鼠标，填充渐变颜色。

步骤 06：按下 Ctrl+T 组合键，出现变换编辑框，将鼠标光标移至编辑框上，单击并拖动，旋转图像。

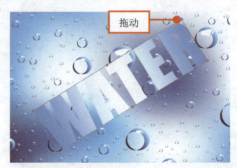

步骤 07：执行"图层>图层样式>投影"菜单命令，打开"图层样式"对话框，在对话框中设置"投影"样式，单击"确定"按钮。

步骤 08：设置"投影"图层样式的选项后，在图像窗口中可看到添加投影后的效果。

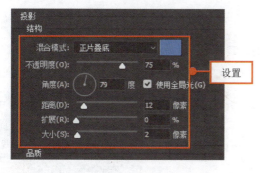

10.4 制作杂志封面

在设计杂志封面时，可选择漂亮的人物作为封面图像，通过调整图像的色彩或亮度等，增加人物的美感，结合文字工具在画面中输入文字表现封面主题，让读者了解杂志内容，再利用图像绘制工具绘制一些简单的图案，丰富画面内容。

原始文件：随书资源\10\素材\12.jpg
最终文件：随书资源\10\源文件\制作杂志封面.psd

步骤 01：打开随书资源\10\素材\12.jpg 素材图像，选择"吸管工具"，在人物左侧的灰色背景区域单击，取样颜色。

步骤 02：执行"选择>色彩范围"菜单命令，打开"色彩范围"对话框，①设置"颜色容差"为32，②单击"确定"按钮，创建选区。

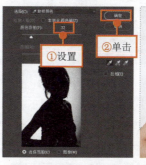

步骤 03：选中"快速选择工具"，①单击"添加到选区"按钮，在创建的选区中单击，创建选区，②执行"选择>反向"菜单命令，反选选区，③按下 Ctrl+J 组合键，复制选区内的图像。

步骤 04：载入"图层 1"选区，打开"调整"面板，①单击面板中的"曲线"按钮，新建"曲线 1"调整图层，打开"属性"面板，②在面板中单击并拖动曲线。

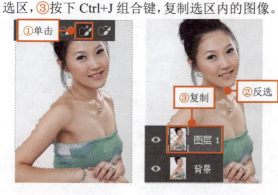

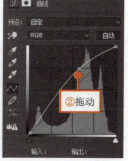

177

步骤 05：再次载入人物选区，新建"色阶 1"调整图层，打开"属性"面板，在面板中输入色阶值为 0、0.77、255，调整人物图像亮度。

步骤 06：选择工具箱中的"横排文字工具"，打开"字符"面板，①在面板中设置字体、字号等属性，②输入文字。

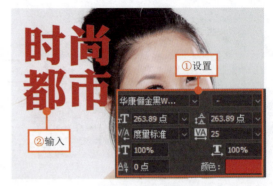

步骤 07：执行"图层>图层样式>投影"菜单命令，打开"图层样式"对话框，①在对话框中设置投影"不透明度"为 75%，②"角度"为 120 度，③"距离"为 10 像素，单击"确定"按钮。

步骤 08：应用设置的"投影"样式，在图像窗口中可看到为文字添加的投影效果，继续结合"横排文字工具"和"字符"面板在图像中输入更多文字效果。

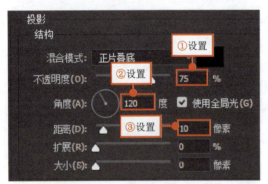

步骤 09：①设置前景色为 R:218、G:37、B:28，②创建"图层 2"图层，③选择"椭圆工具"，在选项栏中设置工具模式为"像素"，④在文字"指"下方绘制红色圆形。

步骤 10：①单击"创建新图层"按钮，在英文"Gentleness"上方创建"图层 3"图层，②选择"矩形工具"在图像中单击并拖动，绘制相同颜色的矩形。

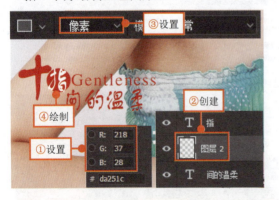

技巧提示：Photoshop 中除了单击"创建新图层"按钮，也可以按下 Ctrl+Shift+N 组合键，新建图层。

步骤 11：继续使用矩形工具在画面中绘制更多的装饰图形，绘制完成后，①选择"横排文字工具"在"字符"面板中设置文字属性，②在黄色的图形上方单击，输入文字"小小面馆"。

步骤 12：①用"横排文字工具"在文字"面馆"上方单击并拖动，选中文字，打开"字符"面板，②在面板中将字体选择为"方正舒体"，③字号设置为 160 点。

步骤 13：打开"字符"面板，①在面板中重新设置文字属性，②使用"横排文字工具"在黄色矩形上方输入英文"Results and happiness"。

步骤 14：使用同样的方法，结合"横排文字工具"和"字符"面板，在图像中添加更多文字，选择"矩形选框工具"，沿着图像边缘绘制选区

步骤 15：①单击选项栏中的"从选区减去"按钮，②在已经绘制的选区中间位置单击并拖动鼠标，绘制选区。

步骤 16：①新建"图层 8"，②设置前景色为白色，③按下 Alt+Delete 组合键，为选区填充颜色。

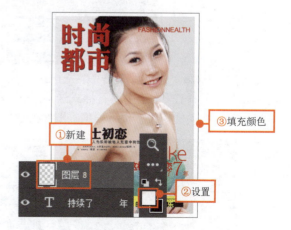

专家课堂

技巧1：如何利用"段落样式"面板创建新的段落样式？

在设置好段落文字后，可将该段落文字属性存储下来，并将存储的段落效果应用在其他的段落文本中。执行"窗口>段落样式"菜单命令，打开"段落样式"面板，在面板中可创建并保存段落文字属性，具体操作步骤如下。

步骤01： 在图像中创建段落文本，并在"图层"面板中选中段落文字图层，打开"段落样式"面板，单击面板右上角的扩展按钮，如下左图所示。

步骤02： 在打开的面板菜单下执行"新建段落样式"命令，如下中图所示。执行命令后将在面板中创建一个新的段落样式，如下右图所示。

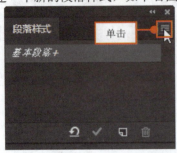  

技巧2：如何设置并编辑字符样式？

在Photoshop中利用"字符样式"面板中的功能，可以将设置后的字符属性存储为一个样式，存储样式后可以将其应用在其他字符上，快速得到相同字体、字号、颜色等文字效果，字符样式的添加在"字符"面板中完成，具体操作步骤如下。

步骤01： 在图像中输入文字并设置好文字属性后，选择该文字图层，执行"窗口>字符样式"菜单命令，打开"字符样式"面板，①单击面板右上角的扩展按钮，如下左图所示，②在打开的面板菜单下执行"新建字符样式"命令，如下右图所示。

步骤02： 执行菜单命令后，在"字符样式"面板中即可创建一个新的字符样式，如下左图所示，③双击创建的样式。打开"字符样式选项"对话框，在对话框中可看到该字符样式的字体、字号、大小写等文字属性信息，也可根据需要更改这些选项，如下右图所示。

 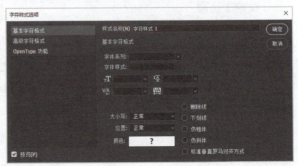

第 11 章　滤镜的应用

滤镜是 Photoshop 中制作特殊效果常使用的功能之一。在编辑图像时，通过执行"滤镜"菜单中的各种滤镜命令为图像进行特殊效果的制作，例如模仿手绘效果，为图像添加特殊纹理以及在图像上渲染光晕等。

11.1　认识滤镜库

滤镜库可以提供许多特殊效果滤镜的预览。在编辑图像时，可以通过"滤镜库"在图像中同时应用多个滤镜、打开或关闭滤镜的效果以及更改滤镜的应用顺序等。如果对预览效果感到满意，单击"确认"按钮后可以将它应用于图像。

11.1.1　了解"滤镜库"对话框

执行"滤镜>滤镜库"菜单命令，打开"滤镜库"对话框，该对话框提供了风格化、画笔描边、扭曲、素描、纹理和艺术效果 6 类滤镜组，直接单击滤镜组下的滤镜，就可以将选择的滤镜应用至图像中，并通过右侧的预览框来查看设置的滤镜效果，从而进行更准确的设置。

原始文件：随书资源\11\素材\01.jpg
最终文件：无

步骤 01：打开随书资源\11\素材\01.jpg 素材图像，执行"滤镜>滤镜库"菜单命令，即可打开"滤镜库"对话框。

步骤 02：在"滤镜库"对话框中，①单击中间滤镜组前的三角形按钮▶，即可展开相应的滤镜组，②单击其中一种滤镜。

步骤 03：选择其中一种滤镜后，在对话框右侧就会显示对应的滤镜选项，通过调整这些选项控制图像效果。

步骤 04：设置选项后，单击对话框上方的隐藏按钮，隐藏滤镜组，扩大预览框可更加方便地查看到设置滤镜后的效果。

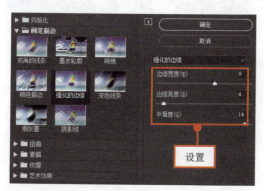

11.1.2 新建效果图层

利用"滤镜库"对话框中的"新建效果图层"按钮 新建一个效果图层,再在对话框中选择其他滤镜进行设置,就可以为图像同时应用多个不同的滤镜效果。

原始文件:随书资源\11\素材\02.jpg
最终文件:随书资源\11\源文件\新建效果图层.psd

步骤 01:打开随书资源\11\素材\02.jpg 素材图像,在"图层"面板中复制"背景"图层,创建"背景 拷贝"图层,执行"滤镜>滤镜库"菜单命令。

步骤 02:打开"滤镜库"对话框,①单击"艺术效果"滤镜组下的"绘画涂抹"滤镜,②在对话框右侧设置"画笔大小"为5,③"锐化程度"为20。

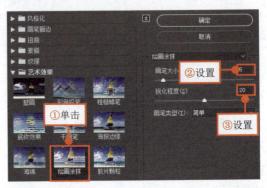

步骤 03:在对话框下方单击"新建效果图层"按钮 ,新建一个效果图层。

步骤 04:①单击"素描"滤镜组中的"基底凸现"滤镜,②设置"细节"为14,③"平滑度"为1,④单击"确定"按钮。

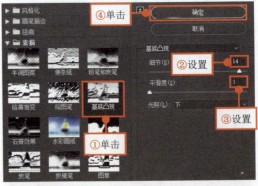

步骤 05:返回图像窗口中,展开"图层"面板,将"背景 拷贝"图层的图层混合模式设置为"划分",混合图像效果。

> **技巧提示**:在"滤镜库"对话框中想要快速放大或缩小图像显示,可以通过按下 Ctrl++ 或 Ctrl+- 组合键,对图像进行快速缩放显示。

11.1.3 删除效果图层

当在滤镜库中为图像设置了多个效果图层后,如果不再需要这些效果图层,可以选中该效果图层后单击"删除效果图层"按钮 🗑,删除不需要的效果图层。

原始文件:随书资源\11\素材\03.jpg
最终文件:随书资源\11\源文件\删除效果图层.psd

步骤 01:打开随书资源\11\素材\03.jpg 素材图像,在"图层"面板中选中"背景"图层,按下 Ctrl+J 组合键,复制图层,创建"图层 1"图层。

步骤 02:执行"滤镜>滤镜库"菜单命令,打开"滤镜库"对话框,可看到当前显示的为上一次设置选择的滤镜。

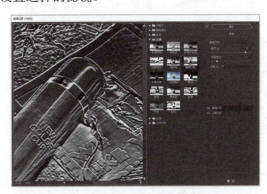

步骤 03:在对话框下方单击"删除效果图层"按钮 🗑,就可以将选中的"基底凸现"效果图层删除。

步骤 04:①单击"素描"滤镜组下的"绘图笔"滤镜,②设置"描边长度"为 14,③"明/暗平衡"为 80,④单击"确定"按钮。

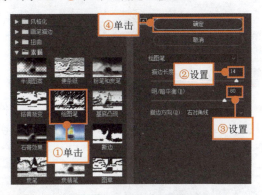

步骤 05:对图像应用设置的滤镜效果,选择"矩形选框工具",①在选项栏中设置"羽化"为 150 像素,②在画面中绘制选区。

步骤 06:①执行"选择>反选"菜单命令,反选选区,②新建"颜色填充 1"调整图层,设置填充色为白色,填充图像。

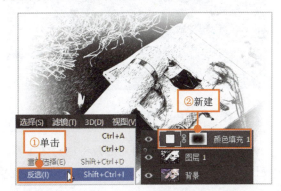

11.2 独立滤镜的使用

在 Photoshop 中的"滤镜"菜单下提供了四个独立滤镜命令,分别为"自适应广角"滤镜、"镜头校正"滤镜、"液化"滤镜、"消失点"滤镜,使用这四个滤镜可以对图像进行扭曲、变形,还能对图像的透视角度进行校正。

11.2.1 使用"自适应广角"滤镜校正图像

使用"自适应广角"滤镜可以快速拉直在全景图或采用鱼眼镜头和广角镜头拍摄的照片中看起来弯曲的线条。"自适应广角"滤镜可以检测相机和镜头型号,并使用镜头特性快速地拉直图像,也可以应用"约束工具"或"多边形约束工具"添加多个约束,指示图像中不同部分的直线以拉直图像。

原始文件: 随书资源\11\素材\04.jpg

最终文件: 随书资源\11\源文件\使用"自适应广角"滤镜校正图像.psd

步骤 01: 打开随书资源\11\素材\04.jpg 素材图像,选择并复制"背景"图层,创建"背景 拷贝"图层,执行"滤镜>自适应广角"菜单命令。

步骤 02: 打开"自适应广角"对话框,①选择"鱼眼",②单击"约束工具"按钮,③在图像中拖动绘制约束线条,拉直弯曲的对象。

步骤 03: 拉直弯曲的对象后,①将"缩放"值设置为123%,放大显示图像,去除多余的透明像素,②单击"确定"按钮。

步骤 04: 应用"自适应广角"滤镜校正图像,再选择"裁剪工具",单击选项栏中的"拉直"按钮,创建裁剪框校正倾斜图像。

11.2.2 使用"镜头校正"滤镜为图像添加晕影

"镜头校正"滤镜可对照片中透射效果不正确的地方进行校正,对图像进行透视扭曲、色差校正、晕影设置以及变换透视角度。执行"滤镜>镜头校正"菜单命令,在打开的"镜头校正"

对话框中利用选项可自动校正也可自定义设置进行校正。

原始文件： 随书资源\11\素材\05.jpg
最终文件： 随书资源\11\源文件\使用"镜头校正"滤镜为图像添加晕影.psd

步骤 01： 打开随书资源\11\素材\05.jpg 素材图像，复制"背景"图层，在"图层"面板中创建"背景 拷贝"图层。

步骤 02： 执行"滤镜>镜头校正"菜单命令，①在打开的对话框中单击"自定"标签，②设置晕影"数量"为–100，③"中点"为+30。

步骤 03： 确认"镜头校正"滤镜设置后，在图像窗口中可看到图像被添加了晕影效果。

步骤 04： 创建"色阶 1"调整图层，在打开的"属性"面板中输入色阶值为 5、0.88、234，调整对比度。

步骤 05： 新建"色相/饱和度 1"调整图层，打开"属性"面板，将"饱和度"滑块向右拖动到 +31 位置，调整图像的颜色饱和度，得到更鲜艳的花朵效果。

11.2.3　使用"液化"滤镜美化人物图像

"液化"滤镜可以将图像中的任意部分进行扭曲、膨胀、收缩、褶皱等变形处理。执行"滤镜>液化"菜单命令，打开"液化"对话框，使用对话框中左侧的各种工具可对图像进行变形编辑。

原始文件： 随书资源\11\素材\06.jpg
最终文件： 随书资源\11\源文件\使用"液化"滤镜美化人物图像.psd

步骤 01：打开随书资源\11\素材\06.jpg 素材图像，在"图层"面板中复制"背景"图层，创建"背景 拷贝"图层。

步骤 02：执行"滤镜>液化"菜单命令，打开"液化"对话框，①单击"褶皱工具"按钮，②设置画笔"大小"为 400，③将鼠标光标移到人物腰部位置，单击并向内侧拖动，调整腰部曲线。

步骤 03：按下键盘中的[键，缩小画笔，将鼠标光标移到人物下巴位置，单击并向上拖动，打造更纤细的下巴。

步骤 04：①单击"向前变形工具"按钮，②设置画笔"大小"为 80，③在人物的颈部位置拖动，变形图像。

步骤 05：继续使用"褶皱工具"和"向前变形工具"处理图像，调整人物的身材和脸型，完成后单击对话框右下角的"确定"按钮，完成图像的美化修饰。

11.2.4　使用"消失点"滤镜合成广告牌效果

"消失点"滤镜可以在创建的图像选区内进行复制、粘贴等操作，同时利用此滤镜所做的操作都将自动应用透视原理，按照透视比例和角度自动计算，以适应对图像的修改。执行"滤镜>消失点"菜单命令，打开"消失点"对话框，在对话框中绘制平面再将图像粘贴在平面进行编辑。

原始文件： 随书资源\11\素材\07.jpg、08.jpg
最终文件： 随书资源\11\源文件\使用"消失点"滤镜合成广告牌效果.psd

步骤 01：打开随书资源\11\素材\07.jpg 素材图像，结合"横排文字工具"和"字符"面板在图像中输入所需的广告文字。

步骤 02：使用"直线工具"在文字中间绘制一条垂直的线条，然后选择"自定形状工具"，分别选取"自定形状"拾色器中的"花形装饰 3"和"装饰 1"形状，绘制装饰图形。

步骤 03：按下 Ctrl+Shift+Alt+E 组合键，盖印图像，执行"选择>全部"菜单命令，全选图像，再执行"编辑>拷贝"菜单命令，复制图像。

步骤 04：打开随书资源\11\素材\08.jpg 素材图像，复制"背景"图层，在"图层"面板中创建"背景 拷贝"图层。

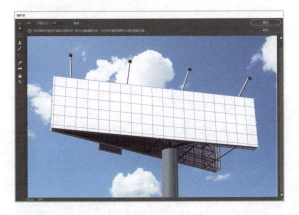

步骤 05：执行"滤镜>消失点"菜单命令，打开"消失点"对话框，使用"创建平面工具"在图像中创建一个矩形平面。

步骤 06：按下 Ctrl+V 组合键，在对话框中粘贴步骤 1 中复制的图像，单击工具栏中的"选框工具"按钮，调整平面中的图像位置。

步骤07：①单击工具栏中的"变换工具"按钮，将鼠标光标移到图像右上角位置，②按下 Shift 键不放，单击并拖动，调整图像大小。

步骤 08：结合"选框工具"和"变换工具"继续调整图像，将图像调整至合适的大小和位置后，单击"确定"按钮，合成图像效果。

11.3　其他滤镜的使用

Photoshop 中除了可以使用滤镜库和独立滤镜，还提供了多个滤镜组，包括画笔描边、模糊、锐化、艺术效果、扭曲、渲染等，每个滤镜组中都提供了多个单独的滤镜命令，通过选择滤镜命令可以设置出丰富多彩的图像效果。

11.3.1　使用"模糊"滤镜组制作微距拍摄效果

"模糊"滤镜组中的滤镜通过平衡图像中已定义的线条和遮盖区域中清晰边缘旁的像素，使图像变得柔和。在"模糊"滤镜组中包括"表面模糊""动感模糊""方框模糊"和"高斯模糊"等多个模糊滤镜，执行"滤镜>模糊"菜单命令，在打开的子菜单中可选择这些滤镜命令，以对图像进行模糊设置。

原始文件： 随书资源\11\素材\09.jpg
最终文件： 随书资源\11\源文件\使用"模糊"滤镜组制作微距拍摄效果.psd

步骤 01：打开随书资源\11\素材\09.jpg 素材图像，选择工具箱中的"裁剪工具"，在图像上单击并拖动，绘制裁剪框，将裁剪框调整至合适的大小。

步骤 02：①单击选项栏中的"提交当前裁剪操作"按钮，裁剪图像，去掉多余的图像，②将"背景"图层拖动到"创建新图层"按钮，复制图层，创建"背景 拷贝"图层。

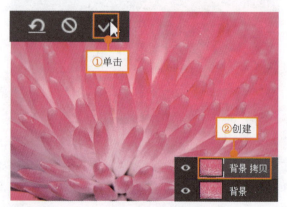

步骤 03：执行"滤镜>模糊>高斯模糊"菜单命令，打开"高斯模糊"对话框，①在对话框中输入"半径"为 12 像素，②单击"确定"按钮，应用滤镜模糊图像。

步骤 04：为"背景 拷贝"图层添加蒙版，选择"渐变工具"，①在选项栏中选择"黑，白渐变"，②单击"径向渐变"按钮，③从图像中间向外拖动渐变。

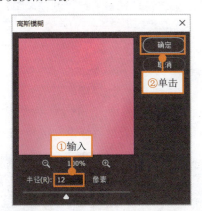
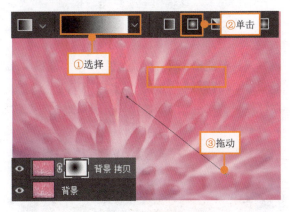

步骤 05：①按下 Ctrl+Shift+Alt+E 组合键，盖印图层，选择"矩形选框工具"，②在选项栏中设置"羽化"为 200 像素，③在图像中创建选区，按下 Ctrl+Shift+I 组合键，反选选区。

步骤 06：①按下 Ctrl+J 组合键，复制选区中的图像，得到"图层 2"图层，②执行"滤镜>模糊>平均"菜单命令，应用"平均"滤镜创建更模糊的画面效果。

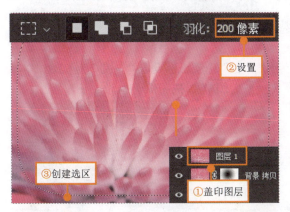
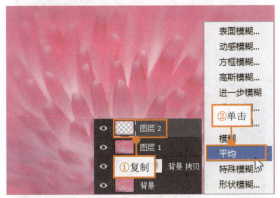

步骤 07：①单击"调整"面板中的"曲线"按钮，新建"曲线 1"调整图层，打开"属性"面板，②在面板中的曲线上单击添加曲线点，并拖动曲线点，调整图像的亮度。

步骤 08：新建"选取颜色 1"调整图层，打开"属性"面板，①选择"洋红"选项，②输入颜色百分比为 –59%、+10%、+65%、0%，③单击"绝对"单选按钮，调整图像颜色。

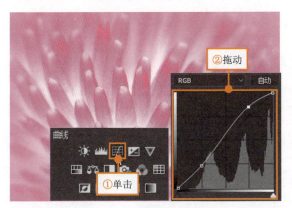
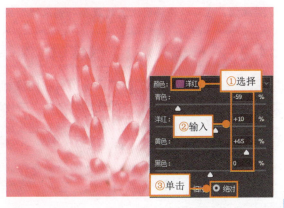

11.3.2 使用"模糊画廊"滤镜组模拟镜头景深效果

"模糊画廊"滤镜组中的每个模糊滤镜都提供了直观的图像控件来应用和控制模糊效果,并且可以使用"效果"面板设置整体模糊效果的样式。在"模糊画廊"滤镜组中包含"场景模糊""光圈模糊""移轴模糊""路径模糊"和"旋转模糊"5个滤镜,通过执行"滤镜>模糊画廊"菜单命令,就可以选择并执行这些滤镜。

原始文件: 随书资源\11\素材\10.jpg

最终文件: 随书资源\11\源文件\使用"模糊画廊"滤镜组模拟镜头景深效果.psd

步骤 01: 打开随书资源\11\素材\10.jpg 素材图像,复制"背景"图层,在"图层"面板中创建"背景 拷贝"图层。

步骤 02: 执行"滤镜>模糊画廊>光圈模糊"菜单命令,打开模糊画廊工作区,①调整模糊光圈的大小和位置,②设置"模糊"值为25像素。

步骤 03: 将鼠标光标移到右上角的灯具图像上,单击添加第一个模糊焦点,然后调整模糊光圈的大小,设置后单击"确定"按钮。

步骤 04: 新建"亮度/对比度 1"调整图层,打开"属性"面板,①设置"亮度"为60,②"对比度"为10,调整图像明暗。

> **技巧提示:** 应用"模糊画廊"滤镜组中的滤镜模糊图像时,除了可以利用"模糊工具"面板指定模糊值,也可以拖动图像上的模糊句柄来增加或减少模糊效果。

11.3.3 使用"锐化"滤镜组将图像变得清晰

"锐化"滤镜组中的滤镜命令可以将图像制作得更加清晰,使画面更加鲜明,用于提高图像像素的对比值,让模糊的画面变得清晰。"锐化"滤镜组中包括"USM锐化""防抖""进一步锐化""锐化""锐化边缘"和"智能锐化"6个滤镜。

原始文件: 随书资源\11\素材\11.jpg

最终文件: 随书资源\11\源文件\使用"锐化"滤镜组将图像变得清晰.psd

步骤 01：打开随书资源\11\素材\11.jpg 素材图像，按下 Ctrl+J 组合键，复制"背景"图层，创建"图层 1"图层。

步骤 02：执行"滤镜>锐化>USM 锐化"菜单命令，①在对话框中设置数量为 130%，②半径为 2.5 像素，③单击"确定"按钮，锐化图像。

 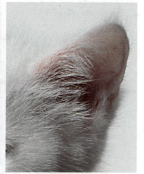

步骤 03：为"图层 1"图层添加图层蒙版，选择"画笔工具"，①在选项栏中设置"不透明度"和"流量"，②设置前景色为黑色，③涂抹锐化过度的区域。

步骤 04：盖印图像，执行"滤镜>锐化>智能锐化"菜单命令，在打开的对话框中，①设置"数量"为 52%，②"半径"为 2.4 像素，③"减少杂色"为 20%，单击"确定"按钮，锐化图像。

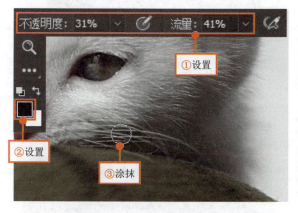

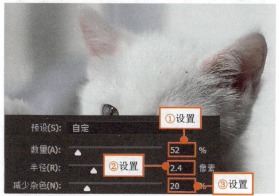

步骤 05：新建"曲线 1"调整图层，打开"属性"面板，①在面板中拖动曲线左下角的控制点，调整阴影部分的亮度，②选择"蓝"选项，③单击并向上拖动曲线，调整图像，加深蓝色。

步骤 06：创建"色相/饱和度 1"调整图层，①在打开的面板设置"饱和度"为+25，②选择"黄色"选项，③设置"饱和度"为+55，调整图像颜色。

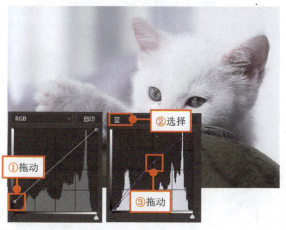

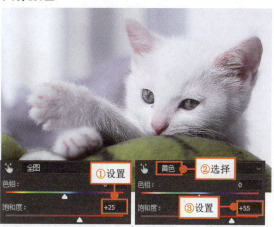

11.3.4 使用"像素化"滤镜组为图像添加雪花效果

"像素化"滤镜组中的滤镜可以将相邻的颜色值、相近的颜色像素接成块，从而产生晶格状、点状和马赛克等特殊效果。执行"滤镜>像素化"菜单命令，在打开的级联菜单下可以选择多种不同的像素化滤镜。

原始文件： 随书资源\11\素材\12.jpg
最终文件： 随书资源\11\源文件\使用"像素化"滤镜组为图像添加雪花效果.psd

步骤 01： 打开随书资源\11\素材\12.jpg 素材图像，复制"背景"图层，在"图层"面板中创建"背景 拷贝"图层。

步骤 02： 执行"滤镜>像素化>点状化"菜单命令，打开"点状化"对话框，①设置"单元格大小"为7，②单击"确定"按钮。

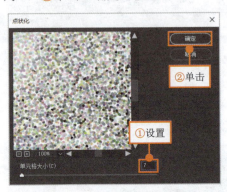

步骤 03： 执行"图像>调整>阈值"菜单命令，打开"阈值"对话框，①设置"阈值色阶"为244，②单击"确定"按钮，转换为黑白效果。

步骤 04： 执行"滤镜>模糊>动感模糊"菜单命令，打开"动感模糊"对话框，①设置"角度"为70度，②"距离"为12像素，添加动感模糊效果。

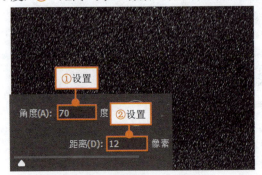

步骤 05： ①在"图层"面板中选择"背景 拷贝"图层，②设置图层混合模式为"滤色"，为图像添加雪花效果。

步骤 06： 创建"照片滤镜1"调整图层，打开"属性"面板，①选择"冷却滤镜（80）"，②设置"浓度"为60%，更改图像颜色。

11.3.5 使用"渲染"滤镜组模拟光照效果

"渲染"滤镜组中的滤镜可在图像中创建云彩图像、折射图案和模拟光的反射效果，还可在图像中添加边框和火焰效果等。执行"滤镜>渲染"菜单命令，在打开的级联菜单下可以查看并选择该滤镜组下的任意滤镜。

原始文件：随书资源\11\素材\13.jpg

最终文件：随书资源\11\源文件\使用"渲染"滤镜组模拟光照效果.psd

步骤 01：打开随书资源\11\素材\13.jpg 素材图像，按下 Ctrl+J 组合键，复制"背景"图层，创建"图层 1"图层，执行"滤镜>渲染>光照效果"菜单命令。

步骤 02：①在预览窗口中设置光照范围，②在"属性"面板中设置光照颜色为 R:227、G:206、B:182，③"强度"为 25，④"聚光"为 63，⑤"曝光度"为 25。

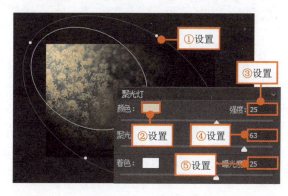

步骤 03：确认设置，应用设置的"光照效果"滤镜，在"图层"面板中将"图层 1"图层的混合模式设置为"滤色"。

步骤 04：为"图层 1"添加图层蒙版，①设置前景色为黑色，②单击蒙版缩览图，③选择"画笔工具"，涂抹人物面部区域。

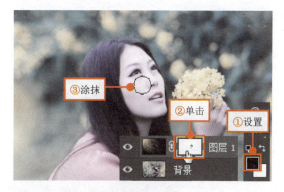

步骤 05：①按下 Ctrl+Shift+Alt+E 组合键，盖印图层，执行"滤镜>渲染>镜头光晕"菜单命令，打开"镜头光晕"对话框，②将光源移到图像左上角位置单击，③设置"亮度"为 130%，④单击"确定"按钮。

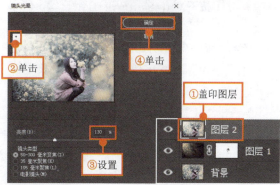

步骤 06：确认设置的"镜头光晕"滤镜，在图像窗口中查看应用滤镜为柔和的光晕效果。

步骤 07：新建"色彩平衡 1"调整图层，打开"属性"面板，在面板中设置颜色值为+20、0、+25，调整图像颜色。

11.4 打造出独具意境的水墨画效果

水墨画是绘画的一种形式，它被视为中国传统绘画，也就是国画的代表。在 Photoshop 中，通过模糊图像，并对图像进行去除颜色后，使用"滤镜"菜单下的艺术绘画滤镜可以将图像转换为水墨画效果。

原始文件：随书资源\11\素材\14.jpg
最终文件：随书资源\11\源文件\打造出独具意境的水墨画效果.psd

步骤 01：打开随书资源\11\素材\14.jpg 素材图像，复制"背景"图层，在"图层"面板中创建"背景 拷贝"图层。

步骤 02：执行"图像>调整>阴影/高光"菜单命令，打开"阴影/高光"复选框，设置阴影"数量"为 55%，提亮图像中的阴影部分。

步骤 03：①按下 Ctrl+Shift+Alt+E 组合键，盖印图层，得到"图层 1"图层，执行"滤镜>模糊>高斯模糊"菜单命令，打开"高斯模糊"对话框，②输入"半径"为 5.0 像素，③单击"确定"按钮。

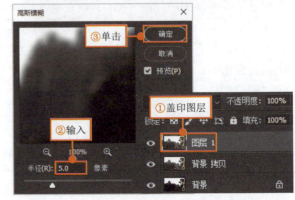

步骤 04：设置"高斯模糊"滤镜后，在图像窗口中可看到图像被模糊处理后的效果。

步骤 05：在"图层"面板中选中"图层 1"图层，将此图层的混合模式设置为"柔光"。

步骤 06：按下 Ctrl+J 组合键，复制"图层 1"图层，创建"图层 1 拷贝"图层，加深图像的对比效果。

步骤 07：①按下 Ctrl+Shift+Alt+E 组合键，盖印图层，创建"图层 2"图层，②执行"图像>调整>去色"菜单命令，去除图像中的颜色信息。

步骤 08：执行"滤镜>滤镜库"菜单命令，①单击"画笔描边"滤镜组下的"喷溅"滤镜，②设置"喷色半径"为 3，③"平滑度"为 2。

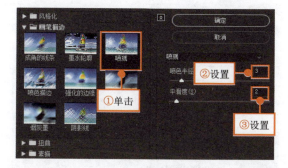

步骤 09：单击"滤镜库"对话框右下角的"新建效果图层"按钮，创建一个新的滤镜效果图层。

步骤 10：①单击"纹理"滤镜组下的"纹理化"滤镜，②选择"画布"纹理，③设置"缩放"为 119%，④"凸现"为 2，⑤单击"确定"按钮。

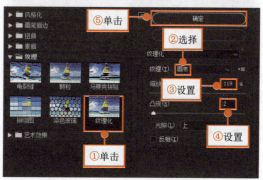

步骤 11：对图像同时应用"喷溅"和"纹理化"滤镜，在图像窗口中可看到应用图像滤镜后的图像效果。

步骤 12：①单击"创建"面板中的"曲线"按钮，新建"曲线 1"调整图层，打开的"属性"面板，②在面板中单击并拖动曲线。

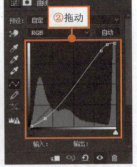

步骤 13：①单击"创建"面板中的"色阶"按钮，打开的"属性"面板，②在面板中输入色阶值为 7、1.12、179。

步骤 14：根据设置的"曲线"和"色阶"选项，调整图像的明暗，增强对比效果，使用画面的层次更突出。

步骤 15：创建"颜色填充 1"填充图层，①在打开的"拾色器（纯色）"对话框中设置颜色为 R:111、G:132、B:136，②单击"确定"按钮。

步骤 16：在"图层"面板中设置"颜色填充 1"图层的混合模式为"柔光"，为图像进行简单着色。

步骤 17：选择"直排文字工具"，执行"窗口>字符"菜单命令，打开"字符"面板，①在面板中设置文字属性，②在图像上单击，输入所需的文字。

步骤 18：导入"印章 1"画笔，选中"画笔工具"，①在"画笔预设"选取器中单击"印象 1"画笔组中的"zk17.JPG"笔刷，②设置前景色为 R:183、G:4、B:4，③创建新图层，绘制印章图案。

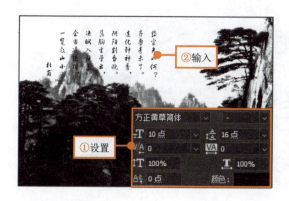
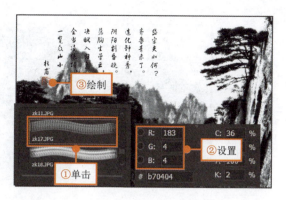

专家课堂

技巧1：如何在图像中重复应用滤镜效果？

在编辑图像时，为图像设置并应用滤镜后，若有需要，可以在图像中重复应用滤镜效果。对于滤镜的重复使用，可以通过不同的组合键来完成，具体操作方法如下。

方法1：若需要在图像中应用相同设置的滤镜选项，则按下 Ctrl+F 组合键，直接重复应用相同的滤镜。

方法2：若需要对图像应用相同的滤镜，但是却需要适当对选项进行设置时，则按下 Ctrl+Alt+F 组合键，打开上一步所执行滤镜的滤镜对话框，在对话框中更改参数后，再单击"确定"按钮，应用滤镜。

技巧2：如何在图像中应用智能滤镜？

对图像应用滤镜特效时，可以为图像添加智能滤镜。应用于智能对象的任何滤镜都是智能滤镜。并且，由于可以自由调整、移去或隐藏智能滤镜，所以这些滤镜是非破坏性的。为图像应用智能滤镜的具体操作步骤如下。

步骤01：①在"图层"面板中选择要应用智能滤镜的图层，如下左图所示，②执行"转换为智能滤镜"菜单命令，弹出提示对话框，③在对话框中单击"确定"按钮，这时可将选中的图层转换为智能对象图层。

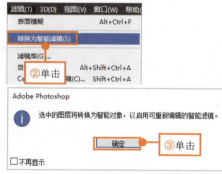

步骤02：对智能对象图层执行"滤镜>滤镜库"菜单命令，在打开的对话框中设置选项，单击"确定"按钮，即可创建智能滤镜，并出现在"图层"面板中应用这些智能滤镜的智能对象图层的下方，如下图所示。

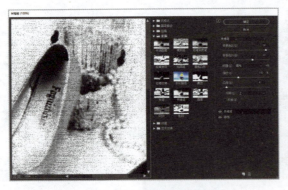

技巧3：如何使用"消失点"滤镜复制图像？

"消失点"滤镜可以在创建的平面内进行图像的替换操作，还可以对平面中的图像进行快速复制，同时在复制后将会自动应用透视原理对图像进行计算，使复制的图像适应当前所做的修改，具体操作步骤如下。

步骤01：使用"创建平面工具"在图像中绘制一个平面，选中"选框工具"，①在创建的平面中双击，转换为选区，如下左图所示。

步骤02：②在"消失点"对话框上方将移动模式设置为"源"，③在画面中进行拖动，如下右图所示，拖动后可完成图像的复制。

第 12 章　动作、批处理和存储 Web 图像

当遇到大量的图像需要进行同样的处理时，如果一张一张地去处理，就会非常浪费时间和精力，此时就可以使用 Photoshop 提供的动作和文件批处理功能来对图像进行批处理，可以大大提高工作效率。

12.1　认识"动作"面板

使用"动作"面板不仅可以在图像上执行各种动作，快速为图像添加各种不同的效果，还可以对录制好的动作进行编辑，如创建新动作、记录动作、播放及停止动作等。

12.1.1　关于"动作"面板

"动作"面板提供了一个在单个文件或一批文件中记录 Photoshop 操作并按顺序回放的途径。在 Photoshop 中记录的所有动作都将以组的形式存储于"动作"面板中。执行"窗口>动作"菜单命令，或按下 Alt+F9 组合键，即可打开"动作"面板。

步骤 01：启动 Photoshop 程序，执行"窗口>动作"菜单命令，打开"动作"面板。

步骤 02：①单击"动作"面板右上角的扩展按钮，②在展开菜单下执行"按钮模式"命令。

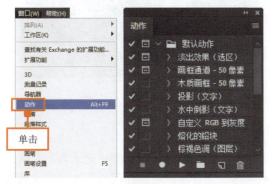
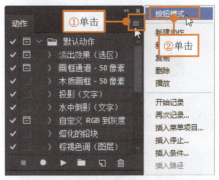

步骤 03：将"动作"面板中的动作以按钮模式显示出来。

> **技巧提示**：将动作以"按钮模式"显示后，如果需要将其恢复至默认的显示状态，则可再次单击扩展按钮，在展开的面板菜单中再单击一次"按钮模式"选项。

12.1.2　应用预设动作为图像添加画框

预设动作是 Photoshop 中自带的一系列动作，由于这些动作的处理效果不同，因此被分类汇总为"命令""画框""图像效果""LAB-黑白技术""制作""流星""文字效果""纹理"和"视频动作"。

原始文件：随书资源\12\素材\01.jpg
最终文件：随书资源\12\源文件\应用预设动作快速处理图像.psd

步骤01：打开随书资源\12\素材\01.jpg素材图像，在图像窗口中显示打开的图像。

步骤02：打开"动作"面板，①单击面板右上角的扩展按钮，②在展开的面板菜单中执行"画框"命令。

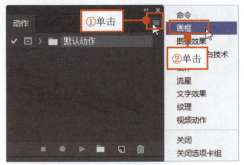

步骤03：载入至"画框"动作组，单击动作组下的"滴溅形画框"动作，再单击"播放选定的动作"按钮。

步骤04：播放"滴溅形画框"动作，为打开的素材图像添加画框效果。

12.2 创建和编辑动作

记录动作是在创建的动作中，对文件所进行的操作步骤进行记录，直到停止记录为止。用户可以通过"动作"面板来创建动作，并在动作中记录操作步骤。在记录动作前需要对动作、动作组进行创建，然后进行动作的记录操作。

12.2.1 创建动作组

在"动作"面板中可以通过创建动作组来管理多个动作。在 Photoshop 中，可以通过单击"创建新组"按钮进行创建，也可以执行"动作"面板菜单中的"新建组"命令进行创建。

步骤01：打开"动作"面板，单击面板底部的"创建新组"按钮。

步骤02：打开"动作组"对话框，①在对话框中输入新建组的名称，②单击"确定"按钮。

步骤 03：在"动作"面板下方将会创建一个名为"润色"的动作组。

步骤 04：①单击"动作"面板右上角的扩展按钮，②在面板菜单中执行"新建组"命令。

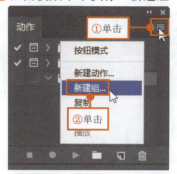

步骤 05：打开"新建组"对话框，①输入组名为"黑白艺术"，②单击"确定"按钮。

步骤 06：在选中的动作组下创建"黑色艺术"动作组，在"动作"面板最下方显示创建的动作组。

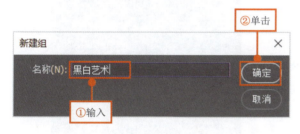

12.2.2 创建新动作

记录动作之前首先需要创建一个新的动作，创建新动作有两种方法，一种是单击"动作"面板中的"创建新动作"按钮，另一种是使用"动作"面板菜单下的"新建动作"命令创建新动作。

原始文件：随书资源\12\素材\02.jpg
最终文件：随书资源\12\源文件\创建新动作.psd

步骤 01：执行"文件>打开"菜单命令，打开随书光盘\12\素材\02.jpg 素材图像，在图像窗口中显示打开的图像。

步骤 02：打开"动作"面板，①选择"润色"动作组，②单击下方的"创建新动作"按钮。

步骤 03：打开"新建动作"对话框，①输入动作名为"家居调色"，②单击"记录"按钮，创建新建动作。

步骤 04：单击按钮后，创建新动作，位于"动作"面板中的"记录"按钮为正在记录状态。

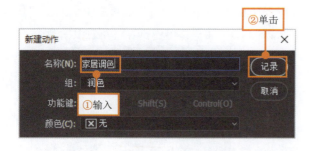

步骤 05：根据需要的风格，在图像中创建多个不同的调整图层，调整图像的颜色，营造出温馨的画面效果。

步骤 06：完成处理操作后，单击"动作"面板中的"停止播放/记录"按钮，完成新动作的记录。

12.2.3 存储动作

在"动作"面板中创建新动作后，可以利用"动作"面板菜单下的"存储动作"命令将创建的动作进行存储。通过存储自定义的动作，可以方便地将动作应用到其他图像文件中。

原始文件：无
最终文件：随书资源\12\源文件\存储动作.atn

步骤 01：在"动作"面板中选中需要存储的动作组，①单击右上角的扩展按钮，②在打开的面板菜单中执行"存储动作"命令。

步骤 02：打开"存储"对话框，①在对话框中设置指定动作存储位置，②输入动作名，③单击"保存"按钮，即可存储的动作。

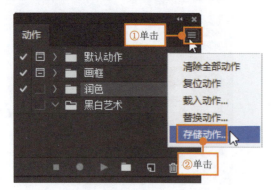

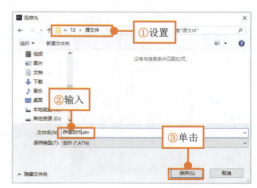

12.2.4 载入并播放动作

在 Photoshop 中不但可以存储"动作"面板中的动作,也可以将其他已经存储到电脑中的动作导入到"动作"面板中,并应用到指定的图像中。用户可以通过执行"动作"面板中的"载入动作"命令,快速载入需要的动作。

原始文件:随书资源\12\素材\03.atn、04.jpg
最终文件:随书资源\12\源文件\载入并播放动作.psd

步骤 01:打开"动作"面板,①单击面板右上角的扩展按钮,②在展开的面板菜单中执行"载入动作"命令。

步骤 02:打开"载入"对话框,①在对话框中单击需要载入的动作,②单击对话框底部的"载入"按钮。

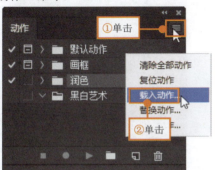

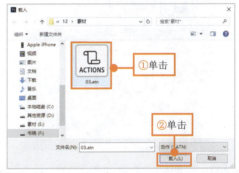

步骤 03:将 03.atn 载入到"动作"面板,单击动作前的箭头按钮,展开动作组,显示动作组中包含的多个动作。

步骤 04:打开随书资源\12\素材\04.jpg 素材图像,按下 Ctrl+J 组合键,复制图层,创建"图层 1"图层。

步骤 05:①单击动作组下的"反转负冲(大众摄影)"动作,②单击"动作"面板下方的"播放选定的动作"按钮。

步骤 06:播放选中的"反转负冲(大众摄影)"动作,完成后在图像窗口中查看应用处理后的效果。

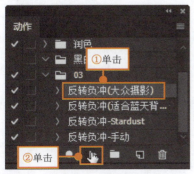

12.2.5 复制动作组中的动作

利用"动作"面板，除了可以创建新动作、记录动作、播放/停止动作，还可以对面板中的指定动作进行复制操作。在 Photoshop 中，可以通过多种不同的方法复制动作，例如将动作拖动到"创建新动作"按钮，执行"动作"面板菜单中的"复制"命令等。

原始文件： 随书资源\12\素材\03.atn
原始文件： 随书资源\12\源文件\复制动作组中的动作.atn

步骤 01： 打开"动作"面板，①选择需要复制的动作，②将其拖动至"创建新动作"按钮 上。

步骤 02： 松开鼠标，在该原动作下方将创建一个动作副本。

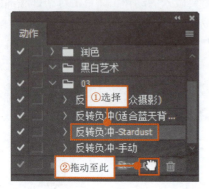

步骤 03： 在面板中选定动作，①单击"动作"面板右上角的扩展按钮 ，②在打开的菜单下执行"复制"命令也可以进行复制动作。

技巧提示： 要快速地复制动作，可以在按住 Alt 键的同时，将选定的动作拖动至动作列表的任意分割处，释放鼠标即可。

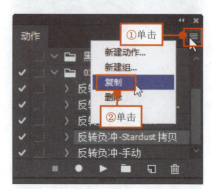

12.3 文件的批处理

有时会出现需要对多张图像进行同时处理的情况，此时就可以应用 Photoshop 提供的自动化工具来对文件进行批处理操作。用户可以针对一整批文件执行某项任务，例如转换文件格式、处理一组相机原始数据文件、调整图像大小或添加元数据，还可以将处理的过程存储为快捷批处理，以便于重复使用自动化工具完成文件的批处理操作。

12.3.1 应用"批处理"命令批量转换颜色

"批处理"命令主要是将一个文件中的多个图像同时应用一个相同的动作，然后将应用动作后的图像重新设置名称，并将其存储于指定的文件夹中。执行"文件>自动>批处理"命令，即可打开"批处理"对话框，在此对话框中可以指定批处理文件的源文件和目标文件，也可以重新设置目标文件的存储格式和名称等。

原始文件： 随书资源\12\素材\05 文件夹
最终文件： 随书资源\12\源文件\使用"批处理"命令批量转换颜色

步骤 01：①执行"文件>自动>批处理"菜单命令，打开"批处理"对话框，在"动作"下拉列表中，②单击"棕褐色调（图层）"选项。

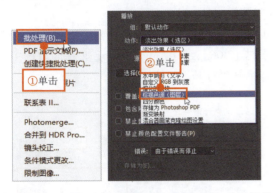

步骤 03：返回"批处理"对话框，在"目标"下拉列表中单击"文件夹"选项，设置用于存储源文件中被处理后的图像的文件夹。

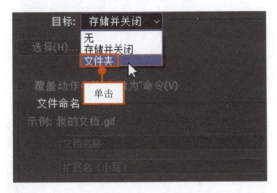

步骤 05：单击"批处理"对话框中的"确定"按钮，打开"另存为"对话框，①在对话框中设置存储文件的名称，②单击"保存"按钮。

步骤 02：①单击"源"选项下的"选择"按钮，打开"选择批处理文件夹"对话框，②单击要批处理的素材文件夹，③单击"选择文件夹"按钮。

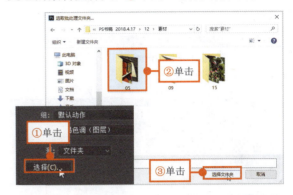

步骤 04：①单击"目标"选项下的"选择"按钮，打开"选择目标文件夹"对话框，②单击目标文件夹，③单击"选择文件夹"按钮。

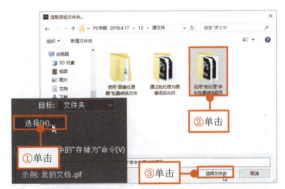

步骤 06：弹出提示对话框，单击对话框中的"确定"按钮，存储文件，在设置的目标文件夹中查看处理后的图像。

12.3.2　使用 Photomerge 合成全景照片

　　Photomerge 命令是 Photoshop 中的一个智能操作命令，它能够准确地拼接图像，即把参差不齐、颜色明暗不一的图像自动地进行计算，然后精确地对图像的纹理进行拼接。执行"文件>自动>照片合并"菜单命令,打开 Photomerge 对话框,在对话框中设置图像的拼合方式,以得到最完美的画面。

原始文件: 随书资源\12\素材\06.jpg ~08.jpg

最终文件: 随书资源\12\源文件\使用 Photomerge 合成全景照片.psd

步骤 01: ①执行"文件>自动>Photomerge"菜单命令,将打开 Photomerge 对话框,②单击对话框中的"浏览"按钮。

步骤 02: 打开"打开"对话框,①将随书资源\素材\12\06.jpg、07.jpg、08.jpg 文件同时选中,②单击"打开"按钮。

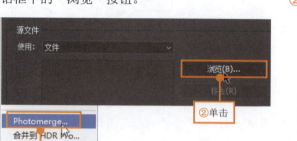

步骤 03: 返回 Photomerge 对话框中的"源文件"列表,会显示需要进行拼接的多张图像,勾选"混合图像"和"晕影去除"复选框,单击"确定"按钮。

步骤 04: 系统自动对多张图像进行拼贴,并在"图层"面板中将多个素材粘贴于空白图层中,并分别利用蒙版进行设置,使图像自然融合在一起。

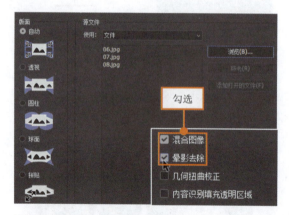

步骤 05: 按下 Ctrl+Shift+Alt+E 组合键,盖印图层,①使用"裁剪工具"在图像上单击并拖动,创建裁剪框,②单击选项栏中的"提交当前裁剪操作"按钮,将图像边缘的透明区域裁剪掉。

步骤 06: 新建"曲线 1"调整图层,打开"属性"面板,在面板中单击"预设"下拉按钮,在展开的下拉列表中选择"增加对比度(RGB)"选项,调整图像,增强对比效果。

12.3.3 使用"图像处理器"批量转换文件

"图像处理器"命令可以转换和处理多个文件。"图像处理器"命令对文件进行批处理操作时，不需要用户先创建新的动作，就可以进行文件的处理。执行"文件>脚本>图像处理器"菜单命令，打开"图像处理器"对话框，设置处理后图像的存储格式以及大小等。

原始文件：随书资源\12\素材\09 文件夹
最终文件：随书资源\12\源文件\应用"图像处理器"批量转换文件

步骤 01：执行"文件>脚本>图像处理器"菜单命令，打开"图像处理器"对话框，单击"选择要处理的图像"选项组中的"选择文件夹"按钮。

步骤 02：打开"选择源文件夹"对话框，①单击需要处理的原始文件夹，②单击"选择文件夹"按钮，返回"图像处理器"对话框。

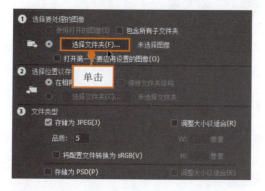

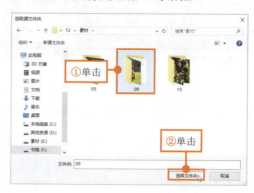

步骤 03：①单击"选择位置以存储处理的图像"选项组中"选择文件夹"前的单选按钮，激活"选择文件夹"按钮，②再单击该按钮。

步骤 04：打开"选择目标文件夹"对话框，①单击用于存储处理图像的目标文件文件夹，②单击"确定"按钮，返回"图像处理器"对话框。

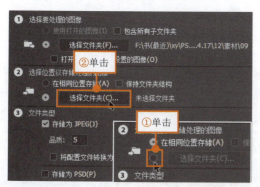

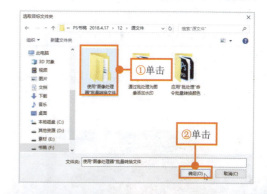

步骤 05：①勾选"存储为 JPEG"右侧的"调整大小以适合"复选框，②输入 W 值为 2000 像素，H 值为 1500 像素。

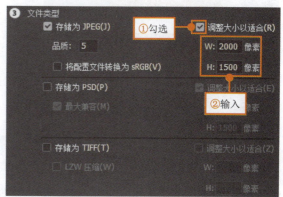

步骤 06：①勾选"存储为 PSD"复选框，②再勾选右侧的"调整大小以适合"复选框，③输入 W 值为 2000 像素，H 值为 1500 像素。

步骤 07：设置完成所有选项后，单击"动作"按钮，运行程序，调整源文件夹中的图像格式和大小，并分别存储于 JPEG 和 PSD 文件中。

12.4 存储为 Web 和设备所用格式

创建 Web 和多媒体图像后，针对 Web 和其他联机介质准备图像时，用户需要设置图像的显示质量、图像的文件大小以及对图像进行优化等。在"存储为 Web 和设备所用格式"对话框中，可以选择不同的优化格式对图像做精确的优化，得到更漂亮的 Web 图像。

12.4.1 了解"存储为 Web 所用格式"对话框

在 Photoshop 中，通过"存储为 Web 所用格式"对话框可以对图像进行优化设置，并将优化后的图像存储为 Internet 所用 Web 图像。

原始文件：随书资源\12\素材\10.jpg
最终文件：无

步骤 01：打开随书资源\12\素材\10.jpg 素材图像，执行"文件>导出>存储为 Web 所用格式（旧版）"菜单命令。

步骤 02：执行菜单命令后，即可打开"存储为 Web 所用格式"对话框，在对话框中可通过"预设"下拉列表选取不同的格式优化并导出图像。

12.4.2 应用"存储为 Web 所用格式"创建 JPEG 文件

用户可以使用"存储为 Web 所用格式（旧版）"命令将 CMYK、RGB 和灰度图像以 JPEG 的格式进行存储。JPEG 是用于压缩连续色调图像的标准格式，将图像存储为 JPEG 格式可有选择性地删除图像中的一些数据。

原始文件：随书资源\12\素材\11.jpg
最终文件：随书资源\12\源文件\应用"存储为 Web 所用格式"创建 JPEG 文件.jpg

步骤 01：打开随书资源\12\素材\11.jpg 素材图像，创建"色阶"调整图层，选择"增加对比度 3"选项，增加图像对比。

步骤 02：执行"文件>导出>存储为 Web 所用格式（旧版）"菜单命令，打开"存储为 Web 所用格式"对话框。

步骤 03：①在对话框上方的"预设"下拉列表中选择"JPEG 高"选项，②勾选"连续"复选框，③设置"品质"为 100。

步骤 04：设置完成后，单击"存储为 Web 所用格式"对话框下方的"存储"按钮。

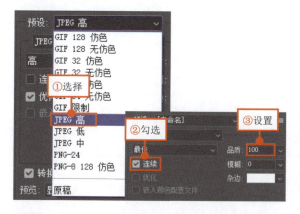
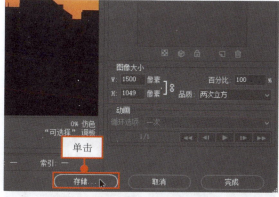

步骤 05：打开"将优化结果存储为"对话框，①在对话框中输入存储文件的名称，②选择存储位置，③单击"保存"按钮，弹出警示对话框，④单击对话框中的"确定"按钮，将图像存储到指定的文件夹中。

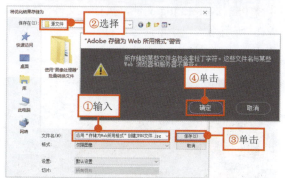

12.4.3 保存 GIF 格式和使用颜色面板

　　GIF 格式是用于压缩具有单调颜色和清晰细节的图像的标准格式。在"存储为 Web 所用格式"对话框中，可以将图像保存为 GIF 格式，并利用颜色面板对其进行优化。

原始文件： 随书资源\12\素材\12.jpg、13.jpg
最终文件： 随书资源\14\源文件\保存 GIF 和使用颜色面板.gif

步骤 01： 打开随书资源\12\素材\12.jpg、13.jpg 素材图像，执行"窗口>排列>双联垂直"命令，查看打开图像。

步骤 02： 选择 12.jpg 图像，执行"文件>存储为 Web 所用格式"菜单命令，打开"存储为 Web 所用格式"对话框。

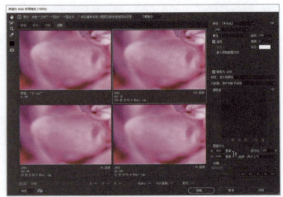

步骤 03： ①在"预设"下拉列表中选择"GIF 128 仿色"选项，②单击"颜色表"右上角的扩展按钮，③在打开的菜单中执行"存储颜色表"命令。

步骤 04： 打开"存储颜色表"对话框，①输入存储的颜色表名，设置完成后，②单击"保存"按钮，将颜色表保存，返回"存储为 Web 所用格式"对话框，单击"完成"按钮。

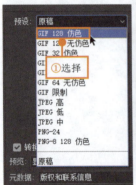
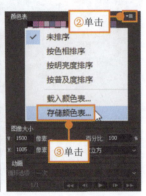
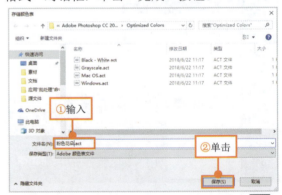

步骤 05： 选择 13.jpg 文件，执行"文件>存储为 Web 所用格式"菜单命令，打开"存储为 Web 所用格式"对话框。

步骤 06： ①单击颜色表右上角的扩展按钮，②在展开的菜单中执行"载入颜色表"命令，打开"载入颜色表"对话框。

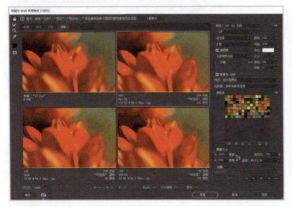

第 12 章 动作、批处理和存储 Web 图像

步骤 07: ①在打开的"载入颜色表"对话框中单击已存储的"粉色花朵"颜色表,②单击"打开"按钮。

步骤 08: 返回到"存储为 Web 所用格式"对话框,单击"优化"标签,在预览框中即可看到载入的颜色表替换了原图像的颜色。

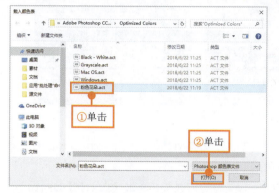

步骤 09: ①单击"存储为 Web 所用格式"对话框右下角的"存储"按钮,打开"将优化结果存储为"对话框,②在对话框中输入文件名,③选择文件存储位置,④单击"存储"按钮。

步骤 10: 打开"'Adobe 存储为 Web 所用格式'警告"对话框,在对话框中单击"确定"按钮,存储优化后的 GIF 图像,然后双击存储的 GIF 图像,即可浏览优化后的图像效果。

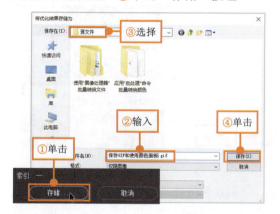

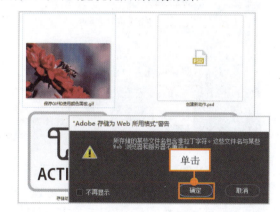

专家课堂

技巧 1:如何调整记录动作中的顺序?

在"动作"面板中,将操作记录拖动至位于另一操作记录之前或之后的新位置,可以完成动作记录顺序的调整,在调整"动作"面板中的记录动作的顺序后,执行动作时将按新的顺序进行动作的播放,更改记录动作中的顺序的具体操作方法如下。

步骤 01: 打开"动作"面板,①在面板中选择要调整顺序的动作,如下左图所示,②拖动该动作,如下中图所示。

步骤 02: 当拖动至合适的位置后,再松开鼠标,即可以完成记录动作中顺序的调整,如下右图所示。

技巧 2：怎样删除动作中的记录？

如果需要修改动作或删除已记录或加载的动作，可以单击"动作"面板中动作名左侧箭头按钮，展开动作下的所有步骤，然后根据需要选择删除动作中的记录，具体操作步骤如下。

步骤 01：①选择需要删除的动作，②单击"动作"面板右上角的扩展按钮，③在打开的面板菜单下执行"删除"命令，弹出提示对话框，④单击对话框中的"确定"按钮，就可以删除选中的动作。

步骤 02：在"动作"面板中选中动作后，⑤将动作拖动到"删除"按钮上，快速完成动作的删除操作。

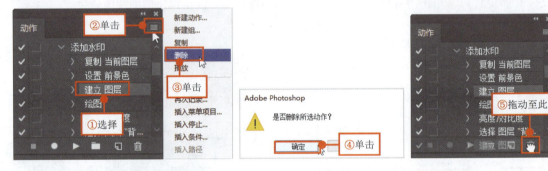

技巧 3：怎样创建快捷批处理程序？

"创建快捷批处理"命令与"批处理"命令不同，"创建快捷批处理"命令是把图像中的设置以一个可执行的文件形式保存起来，并以一个应用程序图标的形式显示出来，然后通过执行该程序完成图像的批处理，具体操作方法如下。

步骤 01：①执行"文件>自动>创建快捷批处理"命令，如下左图所示，打开"创建快捷批处理"对话框，在对话框中选择好要播放的动作，②单击"选择"按钮，如下中图所示。

步骤 02：打开"另存为"对话框，③在对话框中选择快捷批处理程序的存储位置，④输入文件名称，⑤单击"保存"按钮，返回"创建快捷批处理"对话框，单击"确定"按钮，即创建一个快捷键批处理程序，如下右图所示。

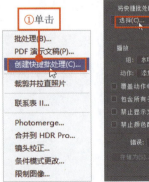  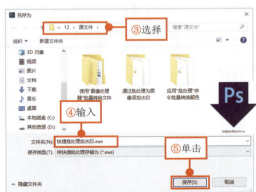

第 13 章　创意海报的制作

海报是一种信息传递艺术，是大众化的宣传工具。海报设计必须具有足够的号召力和艺术感染力，要调动形象、色彩、构图、形式感等因素形成强烈的视觉效果。下面通过具有视觉冲击的图案和文字来表现海报主题。

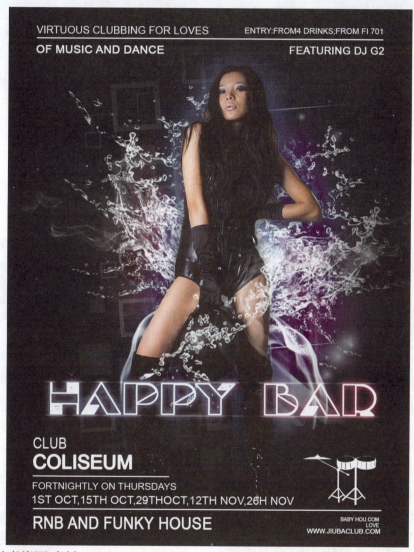

原始文件：随书资源\素材\09\01.jpg ~03.jpg
最终文件：随书资源\源文件\09\创意海报制作.psd

13.1　制作海报背景

海报背景以人物为中心，通过将各种图案叠加于人物下方，利用图层蒙版对图像进行设置，将一部分内容隐藏，再使用"画笔工具"在叠加的图案中绘制出水花、烟雾等图案，制作漂亮的背景图像。

步骤01：执行"文件>新建"菜单命令，打开"新建"对话框，①在对话框中输入名称为"创意海报制作"，②设置"宽度"为1050像素，③"高度"为1400像素，④"分辨率"为300像素/英寸，单击"确定"按钮，新建文件。

步骤02：①设置前景色为R:29、G:55、B:96，背景色为黑色，选择"渐变工具"，②单击"从前景到透明渐变"，③单击选项栏中的"径向渐变"按钮，④创建"图层1"图层，从图像中间向外拖动渐变效果。

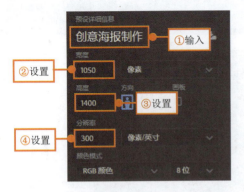
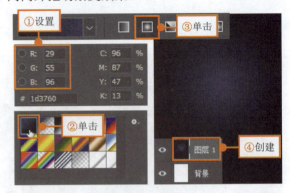

步骤03：打开随书资源\15\素材\01.jpg素材图像，将打开的图像拖入背景中，在"图层"面板中得到"图层2"图层，设置图层混合模式为"颜色"。

步骤04：①单击"创建"面板中"曲线"按钮，创建"曲线1"调整图层，打开"属性"面板，②在面板中单击并向下拖动曲线，调整图像，降低图像亮度。

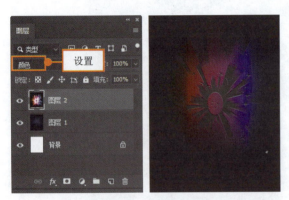
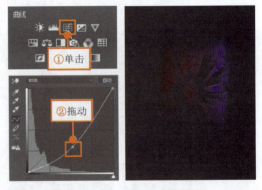

步骤05：打开随书资源\15\素材\02.jpg素材图像，将打开的图像拖入背景中，在"图层"面板中得到"图层3"图层，①设置图层混合模式为"线性减淡（添加）"，②"不透明度"为50%。

步骤06：为"图层3"添加图层蒙版，选择"渐变工具"，①在"渐变"拾色器中单击"黑，白渐变"，②单击"径向渐变"按钮，③勾选"反向"复选框，④在图像中拖动渐变。

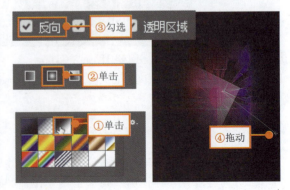

第 13 章　创意海报的制作

步骤 07：选择工具箱中的"画笔工具"，①在选项栏中设置画笔"不透明度"和"流量"，②设置前景色为黑色，③使用"柔边圆"画笔在图像上涂抹，编辑图层蒙版。

步骤 08：打开随书资源\15\素材\03.jpg 素材图像，将打开的图像拖入新建的文档中，在"图层"面板中得到"图层 4"图层，设置图层混合模式为"划分"。

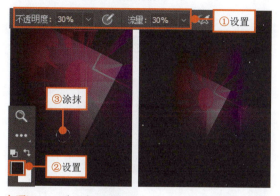

步骤 09：采用相同的操作方法，为"图层 4"图层添加图层蒙版，结合"渐变工具"和"画笔工具"对蒙版进行编辑，隐藏一部分图像，拼合图像效果。

步骤 10：①单击"图层"面板底部的"创建新的填充或调整图层"按钮，②在展开的菜单中执行"纯色"命令，在"图层"面板中创建"颜色填充 1"图层。

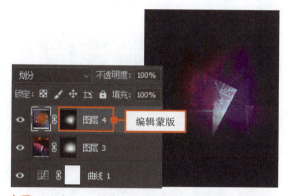
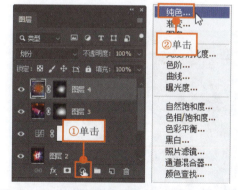

步骤 11：打开"拾色器（纯色）"对话框，①在对话框中设置填充颜色为 R:12、G:30、B:42，②单击"确定"按钮。

步骤 12：①在"图层"面板中单击"颜色填充 1"蒙版缩览图，②设置前景色为黑色，③使用"画笔工具"在蒙版中涂抹，隐藏一部分图像。

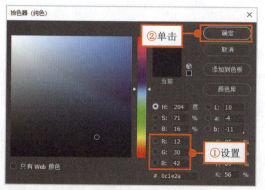
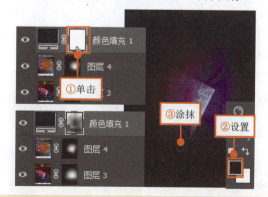

> **技巧提示**：创建"颜色填充"调整图层后，如果需要更改填充颜色，可以双击"图层"面板中的"颜色填充"图层缩览图，打开"拾色器（纯色）"对话框，在对话框中通过单击或输入，更改应用的填充颜色。

步骤13：选择"画笔工具"，将"水珠"画笔载入到"画笔预设"选取器中，①单击载入的画笔，执行"窗口>画笔设置"菜单命令，打开"画笔设置"面板，②在面板中勾选"翻转X"复选框。

步骤14：①设置前景色为白色，②新建"图层5"图层，按下键盘中的[键，缩小画笔，③使用"画笔工具"在图像上单击，绘制水花图案，按下Ctrl+T组合键，利用自由变换编辑框将图像旋转至合适的角度。

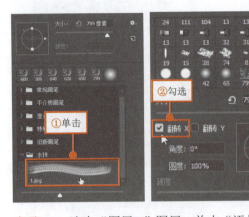
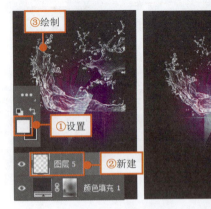

步骤15：选中"图层5"图层，单击"添加图层蒙版"按钮，为该图层添加蒙版，使用"画笔工具"在图像中涂抹，隐藏部分图像。

步骤16：将其他水花和烟雾画笔载入到"画笔预设"选取器，然后创建新图层，在图像中绘制更多的水珠及烟雾图像。

步骤17：打开随书资源\15\素材\10.jpg素材图像，将打开的图像拖动到"图层7"上方，得到"图层12"图层，①设置图层混合模式为"明度"，②设置"不透明度"为70%。

步骤18：在"图层"面板中选中"图层12"图层，为该图层添加图层蒙版，①单击蒙版缩览图，②设置前景色为黑色，③使用"柔边圆"画笔涂抹，隐藏图像。

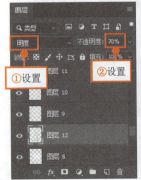

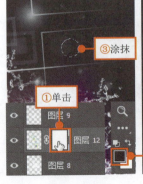

第 13 章　创意海报的制作

步骤 19：打开随书资源\15\素材\04.jpg 素材图像，单击工具箱中的"钢笔工具"按钮，沿着人物边缘绘制路径。

步骤 20：打开"路径"面板，单击面板中的"将路径作为选区载入"按钮，将绘制的路径转换为选区。

步骤 21：选中"移动工具"，把选区内的人物拖动至背景图像中，并在"图层"面板中得到"图层 13"图层，执行"图层>图层样式>外发光"菜单命令。

步骤 22：打开"图层样式"对话框，设置"外发光"选项，①设置混合模式为"叠加"，②"不透明度"为 75%，③发光颜色为 R:6、G:102、B:148，④"大小"为 35 像素，设置完成后单击"确定"按钮。

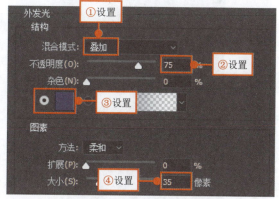

步骤 23：根据设置的"外发光"选项，为人物添加发光效果，①右击图层下方的"外发光"样式，②在弹出的快捷菜单中执行"创建图层"命令。

步骤 24：分离图层和图层样式，在"图层"面板中得到"'图层 13'的外发光"图层，选中该图层，按下 Ctrl+J 组合键，复制图层，创建"'图层 13'…外发光 拷贝"图层。

 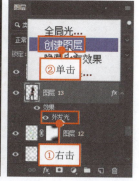

 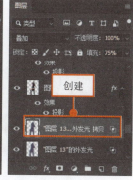

步骤 25：选择复制的"'图层 13'的外发光"图层，①设置图层混合模式为"滤色"，②为该图层添加图层蒙版，选用"渐变工具"编辑蒙版，隐藏一部分图像。

步骤 26：双击"图层 13"图层，打开"图层样式"对话框，设置"投影"选项，①设置"不透明度"为 38%，②"距离"为 5 像素，③"大小"为 35 像素。

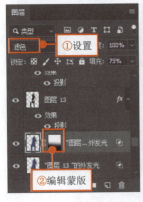

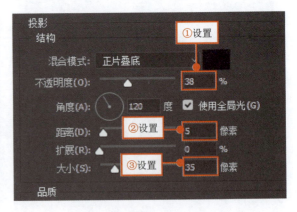

步骤 27：确认设置的图层样式，在图像窗口中查看图像，可以看到为人物添加投影的效果。

步骤 28：选中人物所在的"图层 13"图层，按下 Ctrl+J 组合键，复制图层，创建"图层 13 拷贝"图层，加深图像阴影。

步骤 29：①按下 Ctrl 键并单击"图层 13 拷贝"图层缩览图，载入人物选区，创建"曲线 1"调整图层，打开"属性"面板，②在面板中单击并向下拖动曲线，降低人物亮度。

步骤 30：选择"套索工具"，①在选项栏中设置"羽化"为 4 像素，②在人物面部创建选区，③单击"曲线 1"图层，按下 Alt+Delete 组合键，将蒙版选区填充为黑色。

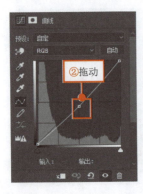

步骤 31：在"图层"面板中新建"图层 14"图层，设置前景色为黑色，运用画笔在边缘位置涂抹，绘制暗角效果。

13.2 添加文字完善效果

完成海报背景的设计后，就可以使用文字工具在图像中适当位置添加海报的宣传文字。首先用"横排文字工具"在图像上输入文字，然后对文字选区进行描边，利用图层样式修饰文字。

步骤 01：选中"横排文字工具"，执行"窗口>字符"菜单命令，打开"字符"面板，①设置字体为 Labyrinth，②字号为 30 点，③字符间距为 50，④垂直缩放值为 90%，⑤单击"全部大写字母"按钮。

步骤 02：将鼠标光标移到需要输入文字的位置，单击并输入所需文字，输入后在"图层"面板中得到对应的文字图层。

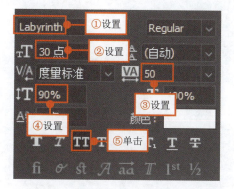

步骤 03：①按下 Ctrl 键并单击文字图层缩览图，载入文字选区，新建"图层 15"图层，②单击文本图层前的"指示图层可见性"按钮，隐藏白色的文本对象。

步骤 04：执行"编辑>描边"菜单命令，打开"描边"对话框，①在对话框中设置"宽度"为 4 像素，②颜色为白色，单击"确定"按钮，对选区进行描边。

步骤 05：双击"图层 15"图层，打开"图层样式"对话框，设置"外发光"选项，①设置"不透明度"为 75%，②发光颜色为 R:190、G:69、B:128，③"扩展"为 12%，④"大小"为 21 像素，单击"确定"按钮。

步骤 06：根据设置的"外发光"选项，为图像添加外发光效果，①按下 Ctrl+J 组合键，复制图层，创建"图层 15 拷贝"图层，②双击此图层，打开"图层样式"对话框。

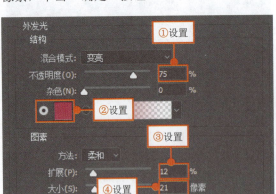

步骤 07：①在"图层样式"对话框将混合模式设置为"颜色"，②设置外发光颜色为 R:0、G:147、B:198，设置后单击"确定"按钮。

步骤 08：返回图像窗口，在图像窗口中查看更改混合模式和颜色后的图像效果。

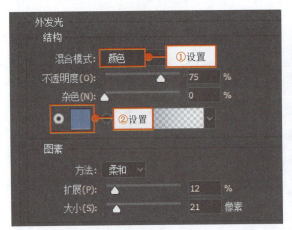

步骤 09：①右击"图层 15 拷贝"图层下方的"外发光"样式，②在打开的快捷菜单下执行"创建图层"命令，分离图层和图层样式。

步骤 10：选择"'图层 15 拷贝'的外发光"图层，为此图层添加图层蒙版，使用"渐变工具"编辑蒙版，得到渐变的文字发光效果。

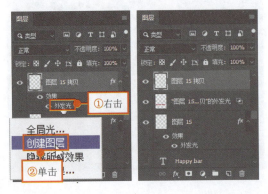

步骤 11：单击工具箱中的"画笔工具"按钮，①设置前景色为白色，②创建"图层 16"图层，③按下 Shift 键单击并拖动，在文字上方绘制一条水平的线条。

步骤 12：在"图层"面板中选中"图层 16"图层，将图层混合模式设置为"柔光"，混合线条与下方的背景图像。

步骤 13：①按下 Ctrl+J 组合键，复制图层，创建"图层 16 拷贝"图层，②使用"移动工具"把复制的线移动至文字下方。

步骤 14：选中"横排文字工具"，打开"字符"面板，①设置字体为 Arial，②字号为 12 点，③单击"全部大写字母"按钮。

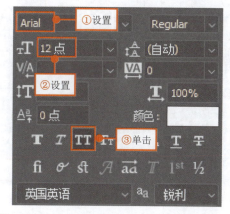

步骤 15：将鼠标光标移到需要添加文字的位置，单击并输入文字，输入的文字将应用上一步所设置的字体、字号。

步骤 16：双击文字图层，打开"图层样式"对话框，在对话框中设置"描边"样式，①设置描边"大小"为 3 像素，②颜色为白色，单击"确定"按钮。

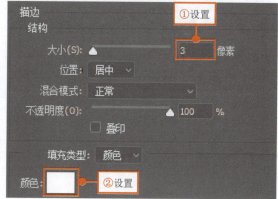

步骤 17：根据设置的"描边"选项，为输入的白色文字添加描边样式。

步骤 18：结合"横排文字工具"和"字符"面板，在图像中输入更多的文字。

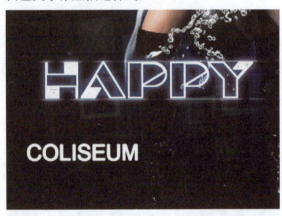

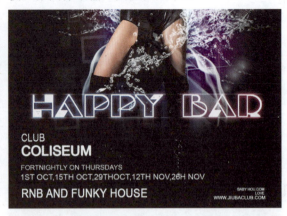

步骤 19：选择"直线工具"，①在选项栏中设置工具模式为"形状"，②颜色为白色，③"粗细"为 3 像素，④在画面中单击并拖动，绘制一条白色线条。

步骤 20：选择"直线工具"，继续在画面中的文字中间的位置绘制另外两条不同长短的线条，起到分隔文字的效果。

步骤 21：选择"自定形状工具"，①在选项栏中设置工具模式为"形状"，载入"音乐相关形状"，②在"形状"拾色器中单击一种形状，③在图像中绘制一个与音乐相关的图形。

步骤 22：①在"形状"拾色器中单击另一个形状，然后将鼠标光标移到已绘制的图形左侧，②单击并拖动，绘制另一个与音乐相关的图形，完成本实例的制作。

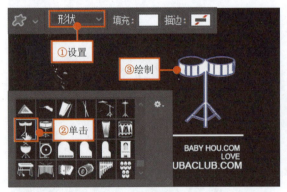

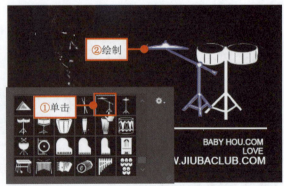

第 14 章 婚纱照片的处理

数码照片的艺术化处理是 Photoshop 处理图像最基本的应用领域之一，在艺术照片中，婚纱照片也是应用较多的一类。本实例通过对照片的色彩以及场景的合理设置，再利用文字的修饰，完成婚纱照片的后期修饰与润色。

原始文件：随书资源\14\素材\01.jpg
最终文件：随书资源\14\源文件\婚纱照片处理.psd

14.1 修复照片中的瑕疵

处理婚纱照片时，首先需要对照片中的瑕疵进行处理，使用 Photoshop 中的"模糊"滤镜模糊图像，可以获得光滑细腻的肌肤效果，再使用"修复画笔工具"去除人物皮肤上的瑕疵。

步骤 01：执行"文件>打开"菜单命令，打开随书资源\14\素材\01.jpg 素材图像，选中"背景"图层，将该图层拖动到"创建新图层"按钮上，复制图层，创建"背景 拷贝"图层。

步骤 02：执行"滤镜>模糊>表面模糊"菜单命令，打开"表面模糊"对话框，①输入"半径"为 12 像素，②"阈值"为 12 色阶，单击"确定"按钮，应用滤镜模糊图像。

步骤 03：①选择"背景 拷贝"图层，单击"图层"面板中的"添加图层蒙版"按钮，添加蒙版，②单击蒙版缩览图，③设置前景色为黑色，按下 Alt+Delete 组合键，将蒙版填充为黑色。

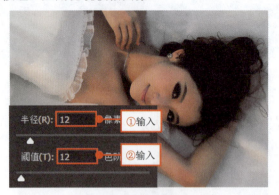

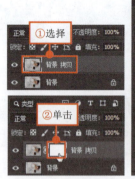

步骤 04：①设置前景色为白色，②单击"背景 拷贝"蒙版缩览图，选择"画笔工具"，③设置"不透明度"和"流量"为 80%，④使用"柔边圆"画笔涂抹人物皮肤位置，可以得到光滑细腻的肌肤效果。

步骤 05：①按下 Ctrl+Shift+Alt+E 组合键，盖印图层，得到"图层 1"图层，②单击工具箱中的"污点修复画笔工具"按钮，③将鼠标光标移到皮肤瑕疵位置，单击修复图像。

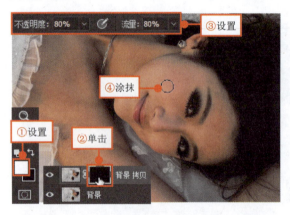

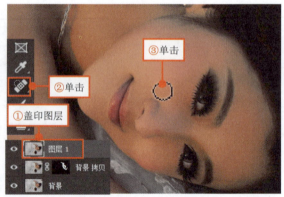

步骤 06：执行"滤镜>锐化>智能锐化"菜单命令，打开"智能锐化"对话框，①设置"数量"为 160%，②设置"半径"为 2.5 像素，③设置"减少杂色"为 10%，④单击"确定"按钮。

步骤 07：①单击"图层"面板中的"添加图层蒙版"按钮，为"图层 1"图层添加蒙版，②设置前景色为黑色，单击蒙版缩览图，③使用"柔边圆"画笔涂抹不需要锐化的花朵图像。

14.2 调出唯美的照片色调

不同的颜色可以带给观者不同的视觉感受,当我们完成照片中的修复瑕疵工作后,接下来就可以对照片的颜色进行调整。结合工具箱中的选区工具和"调整"面板,选择要调整的区域,并设置调整选项,从而打造清新唯美的画面效果。

步骤 01: ①单击"调整"面板中的"曲线"按钮,创建"曲线 1"调整图层,②在展开的"属性"面板中单击并向上拖动曲线,提高图像的整体亮度。

步骤 02: ①选择"蓝"选项,②单击并向上拖动曲线,调整"蓝"通道中的图像亮度,调整后加强蓝色调。

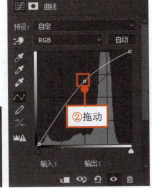

步骤 03: ①按下 Ctrl+J 组合键,复制图层,创建"曲线 1 拷贝"图层,②设置图层混合模式为"浅色",③"不透明度"为 30%。

步骤 04: 新建"色阶 1"调整图层,打开"属性"面板,在面板中输入色阶值为 10、1.10、245,应用"色阶"进一步提亮照片。

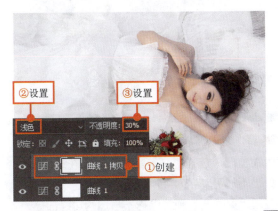

步骤 05: ①单击工具箱中的"套索工具"按钮,②在选项栏中设置"羽化"值为 10 像素,③在人物皮肤和捧花位置单击并拖动,创建选区。

> **技巧提示:** 应用"套索工具"选择图像时,若要在手绘线段与直边线段之间切换,按下 Alt 键,然后单击线段的起始位置和结束位置;若要抹除最近绘制的直线段,则按下 Delete 键。

步骤06：新建"选取颜色1"调整图层，①在"属性"面板中输入颜色百分比为-34%、-5%、+13%、-1%，②选择"黄色"，③输入颜色百分比为-45%、-6%、-43%、0%，④单击"绝对"单选按钮。

步骤07：应用设置的"选取颜色"选项，调整选区内的图像颜色，按下 Ctrl 键不放，单击"选取颜色1"图层右侧的蒙版缩览图，载入蒙版选区。

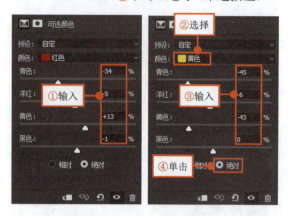

步骤08：新建"色彩平衡1"调整图层，①在"属性"面板中输入颜色值为-13、0、+15，单击"色调"下拉按钮，②在展开的下拉列表中选择"阴影"，③输入颜色值为-8、0、+18。

步骤09：应用设置的"色彩平衡"选项，调整选区内的图像颜色，按下 Ctrl 键不放，单击"色彩平衡1"图层右侧的蒙版缩览图，载入蒙版选区。

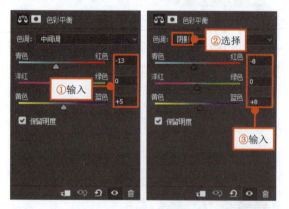

步骤10：新建"色阶2"调整图层，①在"属性"面板中输入色阶值为10、1.30、250，②选择"蓝"选项，③输入色阶值为0、0.95、255。

步骤11：①设置前景色为黑色，②单击"色阶2"蒙版缩览图，选择"画笔工具"，③在选项栏中设置"不透明度"为45%，④"流量"为31%，⑤使用"柔边圆"画笔涂抹不自然的边缘部分。

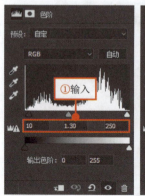
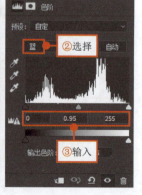
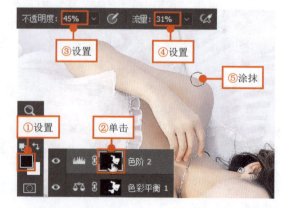

步骤 12：按下 Ctrl 键不放，单击"图层"面板中的"色彩平衡 1"图层的蒙版缩览图，载入蒙版选区。

步骤 13：执行"选择>反选"菜单命令，或者按下 Ctrl+Shift+I 组合键，反选选区，选中除人物皮肤和捧花外的其他区域。

步骤 14：新建"色彩平衡 2"调整图层，①在"属性"面板中输入颜色值为 –10、0、+24，单击"色调"下拉按钮，②在展开的下拉列表中选择"阴影"，③输入颜色值为 –19、0、+1。

步骤 15：应用设置的"色彩平衡"选项，调整选区中的图像颜色，在图像窗口中查看调整后的效果。

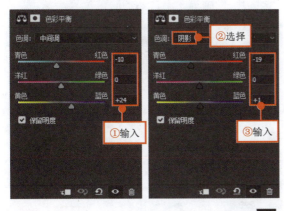

步骤 16：①单击工具箱中的"套索工具"按钮，②设置"羽化"值为 10 像素，③在人物的头发位置单击并拖动鼠标，创建选区。

步骤 17：新建"可选颜色 2"调整图层，①在"属性"面板中输入颜色百分比为 –44%、+6%、–17%、+3%，②选择"黄色"选项，③输入颜色百分比为 –46%、+37%、–13%、–20%。

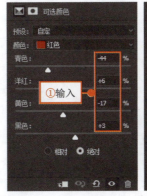
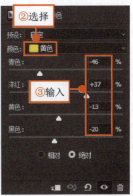

步骤 18：选择工具箱中的"磁性套索工具"，①在选项栏中设置"羽化"为 5 像素，②"宽度"为 5 像素，③"对比度"为 5%，④"频率"为 100，⑤沿着捧花边缘单击并拖动，创建选区。

步骤 19：新建"色彩平衡 3"调整图层，①在"属性"面板中输入颜色值为 0、+20、0，单击"色调"下拉按钮，②在展开的下拉列表中选择"阴影"，③输入颜色值为 0、+15、0。

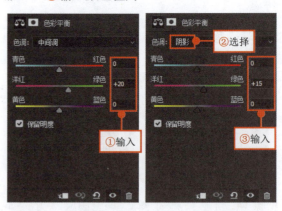

步骤 20：应用设置的"色彩平衡"选项，调整选区中的图像颜色，①按下 Ctrl+Shift+Alt+E 组合键，盖印图层，②单击"创建新图层"按钮，新建"图层 3"图层。

步骤 21：①使用"吸管工具"在干净的肌肤位置单击取样颜色，选择"画笔工具"，②设置"不透明度"为 25%，③"流量"为 15%，④使用"柔边圆"画笔在不自然的肤色位置涂抹。

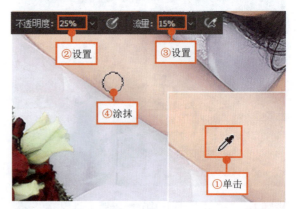

步骤 22：继续调整画笔的大小和颜色，在皮肤上涂抹，修复颜色较深的区域，使人物的皮肤颜色更加统一，按下 Ctrl+Shift+Alt+E 组合键，盖印图层。

14.3 添加文字和其他元素

在完成照片色彩的处理后，就需要使用装饰性的元素来对图像进行排版设计。通过盖印图像，对图像进行变换，将其移到合适的位置，然后创建剪贴蒙版和图层蒙版，拼接图像，最后添加文字，完善画面效果。

步骤 01：选中"图层 4"图层，按下 Ctrl+J 组合键，复制图层，在"图层"面板中创建"图层 4 拷贝"图层。

步骤 02：隐藏"图层 4 拷贝"图层，①单击"图层 4"图层，②执行"编辑>变换>逆时针旋转 90 度"菜单命令，旋转图像。

步骤 03：①在工具箱中设置前景色为白色，②在"图层 4"下方创建"图层 5"图层，按下 Alt+Delete 组合键，将图层填充为白色，作为图像背景。

步骤 04：①使用"矩形工具"在画面左侧单击并拖动鼠标，绘制一个白色的矩形，②执行"图层>排列>后移一层"菜单命令，将"矩形 1"图层移到"图层 4"下方。

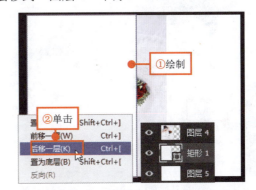

步骤 05：选择"图层 4"图层，执行"图层>创建剪贴蒙版"菜单命令，创建剪贴蒙版，隐藏多余图像，并将人物移到合适的位置。

步骤 06：①显示并选中"图层 4 拷贝"图层，②执行"编辑>变换>逆时针旋转 90 度"菜单命令，旋转图像。

步骤 07：为"图层4拷贝"图层添加图层蒙版，选择"渐变工具"，①在选项栏中选择"黑，白渐变"，②单击"径向渐变"按钮，③勾选"反向"复选框，④从人物脸部向左下角拖动渐变。

步骤 08：①设置前景色为黑色，选择"画笔工具"，②设置"不透明度"和"流量"为30%，单击"图层4拷贝"图层右侧的蒙版缩览图，③使用"柔边圆"画笔涂抹右侧的捧花将其隐藏。

步骤 09：①单击工具箱中的"矩形选框工具"按钮，②在图像右侧留白的区域单击并拖动鼠标，创建矩形选区。

步骤 10：单击"调整"面板中的"黑白"按钮，新建"黑白1"调整图层，将选区中的图像转换为黑白照片效果。

步骤 11：①按下 Ctrl 键不放，单击"黑白1"图层蒙版，载入蒙版选区，新建"色阶3"调整图层，②在"属性"面板中选择"增加对比度1"选项，调整图像，增强对比效果。

步骤 12：选择工具箱中的"矩形工具"，①在选项栏中设置工具模式为"形状"，②设置颜色为 R:223、G:223、B:223，③在图像中绘制一个灰色的矩形，④双击"矩形2"形状图层。

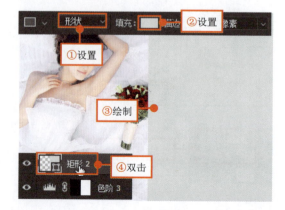

步骤 13：打开"图层样式"对话框，在对话框中设置"图案叠加"样式，①设置混合模式为"柔光"，②"不透明度"为 35%，③"缩放"为 130%，④在"图案"拾色器中选择一种图案。

步骤 14：设置完成后，单击对话框中的"确定"按钮，应用设置的"图案叠加"样式，在图像窗口中查看添加的样式效果。

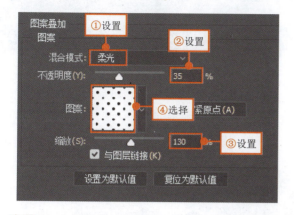

步骤 15：执行多次"图层>排列>后移一层"菜单命令，将"矩形 2"图层移到"图层 4 拷贝"图层下方。

步骤 16：打开"字符"面板，①设置字体为"方正粗宋简体"，②字号为 20 点，③字符间距为 50，④字体颜色为 R:117、G:143、B:239。

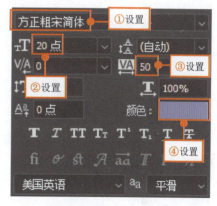

步骤 17：选择"横排文字工具"，在图像顶部单击，输入英文"THE MOST"，根据设置的字体和字号显示输入的文字效果。

步骤 18：结合"横排文字工具"和"字符"面板，在图像中输入更多的文字，①使用"移动工具"同时选中两个文本对象，②单击选项栏中的"垂直居中对齐"按钮，对齐文本。

第15章 网店装修设计

网店装修是店铺运营中的重要一环，店铺设计得好坏，直接影响了顾客对店铺的最初印象。只有设计得美观、丰富的首页和详情页面，才能让顾客继续想了解产品，进而被详情的描述打动，产生购买欲望并下单。在本章中通过两个实例分别介绍网店首页和详情页面的设计。

15.1 网店首页设计

网店首页的装修设计效果会影响顾客对店铺的第一印象，它是店铺的门面，也是店铺的形象。网店首页中大多包含了店招、导航、分类导航区、客服与收藏区等。下面的实例是为茶具品牌所设计的网店首页效果。

原始文件：随书资源\15\素材\01.jpg ~10.jpg
最终文件：随书资源\15\源文件\网店主页设计.psd

15.1.1 绘制店招与导航

好看的网店首页页面设计是依靠很多素材和信息完美组合而成的,其中店招与导航是非常重要的组成部分。通过应用矢量绘图工具绘制出导航图形,然后通过添加简单的文字说明,得到一个整洁大方的店招与导航栏。

步骤 01:创建新文件,①新建"图层 1"图层,②设置前景色为 R:237、G:234、B:223,按下 Alt+Delete 组合键,填充颜色,双击"图层 1"图层,打开"图层样式"对话框,③设置混合模式为"叠加"样式,为背景添加纹理效果。

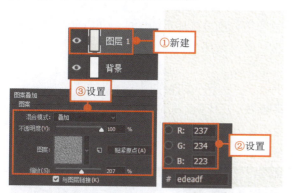

步骤 02:①新建"店招与导航"图层组,在该图层组下分别创建"店招"和"导航"图层组,单击"店招"图层组,选择"矩形工具",②在选项栏中设置工具模式为"形状",③填充色为黑色,④在图像顶端绘制矩形。

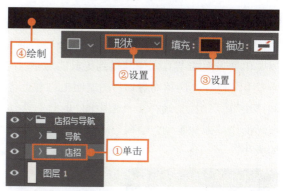

步骤 03:选择"椭圆工具",①在选项栏中设置工具模式为"形状",②填充无颜色,③描边颜色为 R:218、G:37、B:28,④粗细为 1.5 像素,⑤按下 Shift 键不放,单击并拖动绘制圆形。

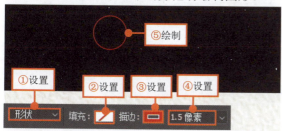

步骤 04:选择"自定形状工具",①在选项栏中设置工具模式为"形状",②填充色为 R:218、G:37、B:30,③单击"叶形装饰 2"形状,④单击并拖动,绘制图形。

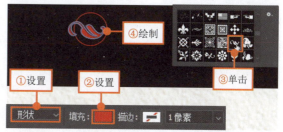

步骤 05:运用工具箱中的矢量绘图工具在店招位置绘制出更多的图形,并为这些图形设置合适的填充颜色。

步骤 06:选择"横排文字工具",在绘制的图形旁边输入所需文字,结合"字符"面板调整输入文字的字体、字号等。

步骤 07:单击选中"导航"图层组,选择工具箱中的"矩形工具",在店招下方绘制灰色和黑色的矩形。

步骤 08：选择"横排文字工具"，在绘制的图形旁边输入所需文字，结合"字符"面板调整输入文字的字体、字号等。

步骤 09：运用工具箱中的矢量绘图工具在输入的导航栏文字旁边绘制下拉按钮，完成首页店招与导航条的设计。

15.1.2 欢迎模块的设计

网店的首页欢迎模块是对店铺最新商品、促销活动等信息进行展示的区域。在店铺欢迎模块中，通过创建剪贴蒙版，在指定的区域展示商品图像，通过创建调整图像，将背景转换为黑白色以突出要表现的茶具，使其得到更好的展示。

步骤 01：①在"店招与导航"图层组上创建"欢迎模块"图层组，②选择工具箱中的"矩形工具"，在画面中单击并拖动，绘制矩形，确定广告图像的大小。

步骤 02：执行"文件>置入嵌入对象"菜单命令，将随书资源\15\素材\01.jpg素材图像放到绘制的矩形上方，执行"图层>创建剪贴蒙版"菜单命令，创建剪贴蒙版，隐藏图像。

步骤 03：①按下 Ctrl+J 组合键，复制图层，创建"01 拷贝"图层，②设置图层混合模式为"正片叠底"，③"不透明度"为 50%，④执行"图层>创建剪贴蒙版"菜单命令，创建剪贴蒙版。

步骤 04：选择工具箱中的"钢笔工具"，①在选项栏中设置工具模式为"路径"，②应用"钢笔工具"沿图像中的茶具边缘绘制路径，③按下 Ctrl+Enter 组合键，将路径转换为选区。

技巧提示：创建剪贴蒙版后，可以执行"图层>释放剪贴蒙版"菜单命令或按下 Ctrl+Alt+G 组合键，释放创建的矢量蒙版。

步骤05：①执行"选择>反选"菜单命令，反选选区，②单击"调整"面板中的"黑白"按钮，将选区内的图像转换为黑白效果，③按下 Ctrl+Alt+G 组合键，创建剪贴蒙版。

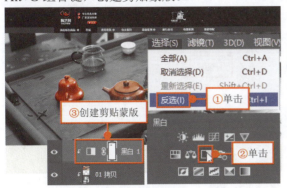

步骤06：①单击"调整"面板中的"色阶"按钮，打开"属性"面板，②设置色阶值为0、0.59、255，③按下 Ctrl+Alt+G 组合键，创建剪贴蒙版，确定调整的范围。

步骤07：①按下 Ctrl 键不放，单击"色阶 1"蒙版缩览图，载入蒙版选区，选择"套索工具"，②在选项栏中单击"从选区减去"按钮，③在选区上单击并拖动，调整选区范围。

步骤08：新建"选取颜色 1"调整图层，①设置颜色百分比为+38%、0%、0%、0%，②单击"绝对"单选按钮，新建"照片滤镜 1"调整图层，③选择"深褐"滤镜，④设置"浓度"为49%。

步骤09：使用"椭圆工具"在图像中绘制两个圆形，使用"移到工具"选中中间一个圆形，设置"不透明度"为50%，降低透明度效果。

步骤10：使用"横排文字工具"在圆形上方输入所需文字，①载入并单击"印章"画笔，②创建"图层 2"图层，③绘制印章图案。

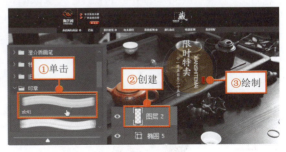

15.1.3 商品陈列区设计

商品陈列区类似于实体店中的商品展示货架，店家会将店铺中最新产品、热销产品置于相应的货架上，吸引顾客的注意。下面就利用矢量蒙版，对不同的商品进行展示，制作热销产品区、新品陈列区等。

步骤 01：①新建"商品推荐"图层组，在此图层组下创建"热品推荐"，选择"钢笔工具"，②将工具模式设置为"形状"，③填充色为R:172、G:122、B:51，④在画面中绘制出一个茶壶形状的图形。

步骤 02：使用"横排文字工具"输入所需文字，选择"直线工具"，①设置工具模式为"形状"，②填充色为R:90、G:90、B:90，③"粗细"为3像素，④绘制直线，⑤新建"标题"图层组，将图形和文字添加到"标题"图层组中。

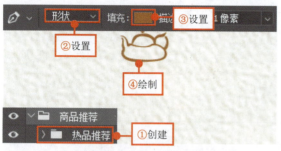

步骤 03：①新建"分类1"图层组，②使用"矩形工具"在画面中绘制白色矩形，双击形状图层，打开"图层样式"对话框，③在对话框中设置样式选项，为矩形添加投影。

步骤 04：执行"文件>置入嵌入对象"菜单命令，将随书资源\15\素材\02.jpg素材图像放到绘制的矩形上方，使用"钢笔工具"沿图像中的茶具边缘绘制路径。

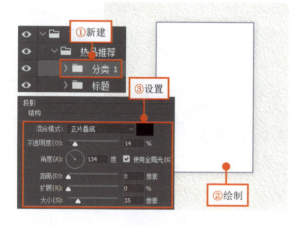

步骤 05：①执行"图层>矢量蒙版>当前路径"菜单命令，根据当前绘制的路径创建矢量蒙版，将路径外的图像隐藏，②按下Ctrl键不放，单击"02"矢量蒙版缩览图，载入蒙版选区。

步骤 06：①单击"调整"面板中的"黑白"按钮，新建"黑白2"调整图层，将选区内的图像设置为黑白效果，新建"色阶2"调整图层，②在"属性"面板中"预设"下拉列表下选择"中间调较暗"选项，降低中间调部分的亮度。

步骤 07：使用矢量绘图工具在白色的矩形上方绘制其他图形，然后使用"横排文字工具"输入所需的文字。

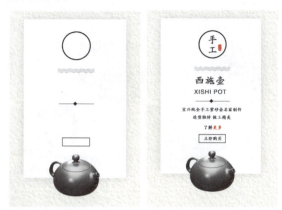

步骤 08：①选择"分类 1"图层组，按下 Ctrl+J 组合键，复制两个图层组，②将图层组中的对象向右移动到所需的位置。

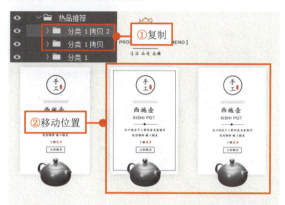

步骤 09：新建"新品上市"图层组，将"热品推荐"图层组中的"标题"图层组复制，创建"标题 拷贝"图层组，将此图层组移到"新品上市"图层组中，根据要表现的内容调整图层组中的文字内容。

步骤 10：①新建"商品 1"图层组，②使用"矩形工具"绘制出正方形，执行"文件>置入嵌入对象"菜单命令，将随书资源\15\素材\02.jpg 素材图像放到绘制的矩形上方，③执行"图层>创建剪贴蒙版"菜单命令，创建剪贴蒙版。

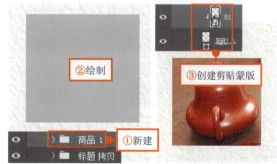

步骤 11：①按下 Ctrl 键不放，单击形状缩览图，载入选区，新建"照片滤镜 1"调整图层，②选择"深褐"滤镜，③设置"浓度"为 86%，新建"选取颜色 2"调整图层，④设置颜色百分比为 +23%、+1%、0%、0%。

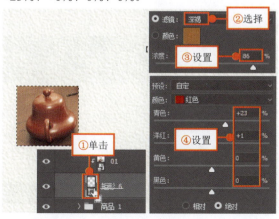

步骤 12：在"图层"面板中选中"商品 1"图层组，连续按下 Ctrl+J 组合键，复制图层组，创建"商品 1 拷贝""商品 1 拷贝 2""商品 1 拷贝 3"图层组，分别调整每个图层组中的图像位置和大小。

237

步骤 13：新建"简介"图层组，使用"矩形工具"在商品中间的留白位置绘制灰色矩形，然后使用"横排文字工具"在矩形上方输入所需的文字。

步骤 14：按下 Ctrl+J 组合键，复制图层组，创建"简介 拷贝""简介 拷贝 2""简介 拷贝 3"图层组，调整图层组中的图形和文字。

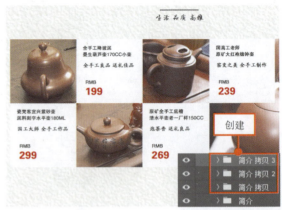

步骤 15：新建"相关推荐"图层组，将前面制作的"热品推荐"图层中的分类信息添加到新创建的图层组中，并根据需要替换图像，更改对应的文字。

步骤 16：①新建"二栏广告"图层组，使用"矩形工具"绘制矩形，执行"文件>置入嵌入对象"菜单命令，将随书资源\15\素材\03.jpg 素材图像放到绘制的矩形上方，执行"图层>创建剪贴蒙版"菜单命令，创建剪贴蒙版，隐藏图像。

步骤 17：①选中"矩形 8"图层，按下 Ctrl+J 组合键，复制图层，创建"矩形 8 拷贝"图层，②将此图层的"不透明度"设置为 70%，降低透明度效果，执行"图层>排列>前移一层"菜单命令，将图层移到 03 图层上方。

步骤 18：新建"三栏广告"图层组，应用与制作"二栏广告"相同的方法，绘制图形并创建剪贴蒙版，制作商品的展示。

步骤 19：①按下 Ctrl 键不放，依次单击"二栏广告"和"三栏广告"图层组，②执行"图层>排列>后移一层"菜单命令，将这两个图层移到"相关推荐"图层组下。

15.1.4 店铺服务区设计

在网店的首页中，除了店招、导航、欢迎模块和其他的商品信息等内容，还会包含关于店铺服务性质的区域设计。利用"椭圆工具"在复制的标题栏下方绘制多个不同大小的圆形，在图形旁边输入店铺特色服务内容，提升首页服务品质。

步骤 01：新建"售后服务"图层组，将前面制作的"标题"图层复制，创建"标题 拷贝 2"图层组，将其移到新建的"售后服务"图层组中，根据需要调整图层组中的文字信息。

步骤 02：选择"直线工具"，①设置工具模式为"形状"，②填充颜色为 R:90、G:90、B:90，③粗细为 3 像素，④按下 Shift 键不放，单击并向右拖动，绘制一条水平的直线。

步骤 03：选择"椭圆工具"，①在选项栏中将填充色设置为 R:232、G:228、B:214，②描边颜色为 R:83、G:83、B:83，③粗细为 2 像素，④在直线中间位置绘制一个圆形。

步骤 04：①按下 Ctrl+J 组合键，复制圆形，创建"椭圆 9 拷贝"图层，②按下 Ctrl+T 组合键，打开自由变换编辑框，将鼠标光标移到编辑框右上角位置，按下 Ctrl+Alt 组合键，等比例缩小图形。

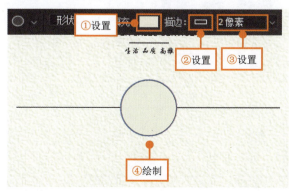

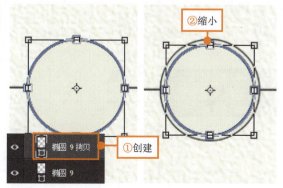

步骤 05：连续按下 Ctrl+J 组合键，复制更多圆形，调整图形的大小和位置，同时选中两侧的圆形，在选项栏中将图形的描边粗细设置为 1.5 像素。

步骤 06：执行"文件>置入嵌入对象"菜单命令，将随书资源\15\素材\03.jpg 素材图像放到绘制的矩形上方，执行"图层>创建剪贴蒙版"菜单命令，创建剪贴蒙版，隐藏图像。

步骤 07：①按下 Ctrl 键不放，单击"椭圆 9 拷贝"图层组，载入圆形选区，②单击"调整"面板中的"黑白"按钮，新建"黑白 3"调整图层，将选区中的图像转换为黑白效果。

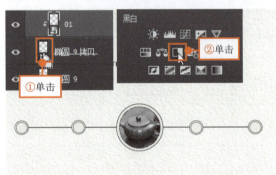

步骤 08：选中"横排文字工具"，在画面中所入所需的文字，结合"字符"面板，调整输入文字的字体和字号等属性。

步骤 09：新建"关于我们"图层组，将前面制作的"标题"图层复制，创建"标题 拷贝 3"图层组，并移到新建的"售后服务"图层组中，调整图层组中的文字信息。

步骤 10：使用"横排文字工具"在下方绘制文本框，输入所需文字，单击"段落"面板中的"居中对齐文本"按钮，更改文本对齐方式。

15.1.5 其他元素的设计

为了让设计的主页页面更加完整，可以添加一些元素加以修饰。下面将茶具和水墨花朵图像添加到页面中，使用"矢量蒙版"和"图层蒙版"将多余的图像隐藏，得到更加丰富的页面效果。

步骤01：执行"文件>置入嵌入对象"菜单命令，导入随书资源\15\素材\01.jpg 素材图像，使用"钢笔工具"沿茶具边缘绘制路径，根据绘制的路径创建矢量蒙版，隐藏多余的图像。

步骤02：①按下 Ctrl 键不放，单击"01"矢量蒙版，载入选区，②单击"调整"面板中的"黑白"按钮，创建"黑白4"调整图层，将选区内的图像转换为黑白效果。

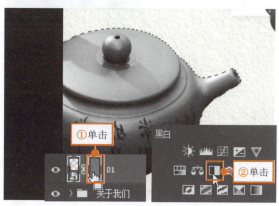

步骤03：执行"文件>置入嵌入对象"菜单命令，导入随书资源\15\素材\09.jpg 素材图像，使用"钢笔工具"沿茶具边缘绘制路径，根据绘制的路径创建矢量蒙版，隐藏多余的图像。

步骤04：①按下 Ctrl 键不放，单击"02"矢量蒙版，载入选区，②单击"调整"面板中的"黑白"按钮，创建"黑白5"调整图层，将选区内的图像转换为黑白效果。

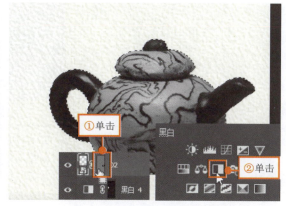

步骤05：执行"文件>置入嵌入对象"菜单命令，置入随书资源\15\素材\10.jpg 素材图像，设置图层混合模式为"变暗"。

步骤06：为图层添加图层蒙版，设置前景色为黑色，使用"硬边圆"画笔涂抹，隐藏商品上方多余的图像。

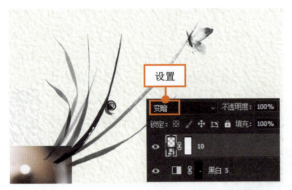

15.2 商品详情页面设计

商品详情页面是顾客进入单个商品时所呈现出来的页面，这个页面中会包含与该商品相关的所有详细信息。商品详情页面装修得成功与否，将直接影响到该商品的销售。在通常情况下，在商品详情页面中需要设计橱窗照、商品尺寸、商品细节信息和售后信息等。下面的实例是为某品牌保温杯设计的详情页面。

原始文件：随书资源\素材\15\11.jpg ~20.jpg
最终文件：随书资源\源文件\15\商品详情页面设计.psd

15.2.1 制作商品橱窗照

橱窗照位于商品详情页面的顶部左侧的位置，是每个商品的第一个展位。橱窗照主要以销售的商品为表现对象，下面的实例中会直接使用商品照片进行展示，通过复制图像并更改图像的混合模式来提亮图像，再配以合适的文字说明，突出商品大容量的特点。

步骤 01：创建新文件，将 11.jpg、12.jpg 素材图像放到画面中，构建网页基础框架，执行"滤镜>锐化>USM 锐化"菜单命令，①在打开的对话框中设置"数量"为 50%，②"半径"为 2.5 像素，③"阈值"为 2 色阶，应用滤镜锐化图像。

步骤 02：①创建"橱窗照片"图层组，②使用"矩形工具"在画面左上角位置绘制正方形，③将 13.jpg 图像放到画面中，执行"图层>创建剪贴蒙版"菜单命令，创建剪贴蒙版，将图形置于正方形中。

步骤 03：①按下 Ctrv+J 组合键，复制图层，创建"13 拷贝"图层，②设置图层混合模式为"滤色"，③"不透明度"为 40%，提亮图像。

步骤 04：选择"矩形工具"，①在选项栏中选择"形状"工具模式，②设置填充色为 R:252、G:78、B:115，③在图像上方绘制矩形。

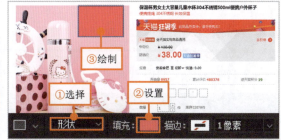

步骤 05：选择"椭圆工具"，①单击选项栏中的"路径操作"按钮，在展开的列表中单击"合并形状"选项，②在矩形下方再绘制一个圆形。

步骤 06：选择"矩形工具"，①单击选项栏中的"路径操作"按钮，在展开的列表中单击"新建图层"选项，②使用"矩形工具"在红色图形上方绘制一个白色矩形。

步骤 07：打开"字符"面板，①设置字体为"方正大黑简体"，②字号为 79 点，③字符间距为 –50，④单击"全部大写字母"按钮，⑤颜色为白色，⑥使用"横排文字工具"输入所需文字。

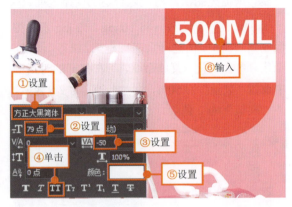

步骤 08：使用"横排文字工具"在画面中输入更多文字，结合"字符"面板调整输入文字的字体、字号等。

步骤 09：①同时选中图形和上方的文本图层，②按下 Ctrl+Alt+E 组合键，盖印图层，创建"24 小时 长效保温（合并）"图层，双击图层。

步骤 10：打开"图层样式"对话框，设置"描边"样式，①设置"大小"为 2 像素，②描边颜色为 R:177、G:177、B:177。

步骤 11：应用设置的"描边"样式为图像添加描边效果，按下 Ctrl+T 组合键，应用编辑框缩小图像，将图像放到合适的位置上。

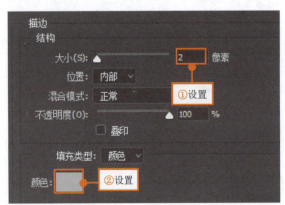

15.2.2　广告图设计

与主页页面类似，在商品详情页面中也会添加一些广告图像，大多会根据主页页面的商品进行创意性设计。通过绘制圆角矩形，将户外女性和男性的照片添加到图形中，再把商品图像添加到画面中，创建调整图层，展示不同颜色的商品所针对的客服群体。

步骤 01：①新建"广告图"图层组，②使用"矩形工具"在画面中绘制一个矩形，确定广告图像位置和大小，执行"图层>图层样式>图案叠加"菜单命令。

步骤 02：打开"图层样式"对话框，①设置混合模式为"叠加"，②在"图案"拾色器中选择要叠加的图案，③输入"不透明度"为 70%，④"缩放"为 260%。

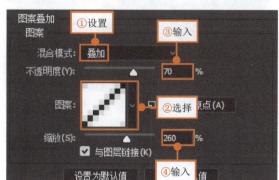

步骤 03：设置完成后单击"确定"按钮，应用"图案叠加"样式，在图像窗口查看添加样式后的图形效果。

步骤 04：选择"圆角矩形工具"，①在选项栏中设置工具模式为"形状"，②半径为 20 像素，③在画面中绘制圆角矩形图形。

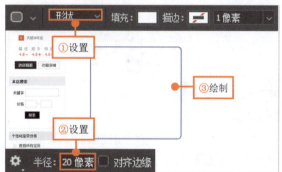

步骤 05：按下 Ctrl+T 组合键，打开自由变换编辑框，①在选项栏中设置旋转为 45 度，旋转图形，②将 14.jpg 图像放到画面中，创建剪贴蒙版，隐藏矩形外的图像。

步骤 06：①按下 Ctrl+J 组合键，复制矩形，创建"圆角矩形 1 拷贝"图层，将图层移到"14"图层上方，②选择"14"图层，按下 Ctrl+Alt+G 组合键，创建剪贴蒙版。

 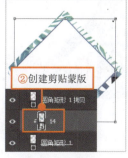

步骤 07：执行"文件>置入嵌入对象"菜单命令，将 14.jpg 图像放到画面中，得到 15 图层，按下 Ctrl+Alt+G 组合键，创建剪贴蒙版。

步骤 08：使用相同的方法，复制出更多的圆角矩形，并将所需的图像置入对应的图形中。

步骤 09：展开"橱窗照"图层组，复制 13 图层，创建"13 拷贝 2"图层，将此图层移到"广告图"图层组中的"圆角矩形 1 拷贝 5"图层上方，应用变换工具旋转图像。

步骤 10：①使用"钢笔工具"沿着保温杯图像边缘绘制路径，②执行"图层>矢量蒙版>当前路径"菜单命令，创建矢量蒙版，隐藏路径外的其他图像。

步骤 11：①单击"图层"面板中的"添加图层蒙版"按钮，为图层添加图层蒙版，②设置前景色为黑色，③使用"硬边圆"画笔涂抹矩形外的保温杯图像，将其隐藏。

步骤 12：按下 Ctrl+J 组合键，复制图层，创建"13 拷贝 3"图层，调整图层中的保温杯位置和角度，并利用"画笔工具"编辑蒙版，得到重叠的杯子效果。

步骤 13：①按下 Ctrl 键不放，单击"13 拷贝 3"图层右侧的矢量蒙版缩览图，载入蒙版选区，新建"颜色填充 1"调整图层，②在打开的对话框中设置颜色为 R:126、G:208、B:222。

步骤 14：应用设置颜色填充选区，①展开"图层"面板，将"颜色填充 1"图层的混合模式设置为"色相"，混合颜色，将红色的保温杯变换为蓝色。

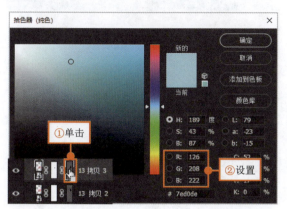

步骤 15：选择"矩形工具"，①设置填充为无颜色，②描边颜色为 R:250、G:250、B:250，③描边粗细为 2 像素，④绘制两个矩形图形。

步骤 16：使用"横排文字工具"在图形上方输入所需的文字，结合"字符"面板，调整文字的字体、字号等。

15.2.3　商品尺寸和规格的设计

在下面的操作中，使用"直线工具"绘制线条，以图解的方式表现保温杯的尺寸，然后输入杯子的品牌、材质、容量等内容，全面地展示商品的规格、质感。

步骤 01：①新建"商品参数"图层组，在图层组下创建"标题"图层组，选择"矩形工具"，②单击选项栏中的"填充"按钮，③在展开的面板中设置从 R:255、G:138、B:121 到 R:255、G:176、B:139 的渐变，④"旋转渐变"为 0，⑤在画面中单击并拖动，绘制渐变的矩形图形。

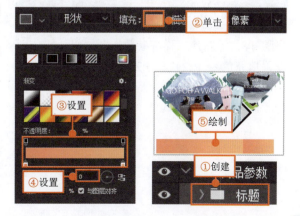

247

步骤 02：选择"椭圆工具"，①单击选项栏中的"路径操作"按钮，在展开的列表中单击"合并形状"选项，②在矩形右侧绘制一个圆形。

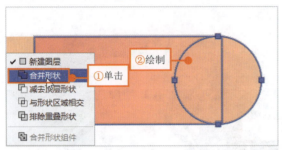

步骤 03：选择"圆角矩形工具"，①在选项栏中将填充色设置为 R:242、G:116、B:102，②在组合的图形中再绘制一个圆角矩形。

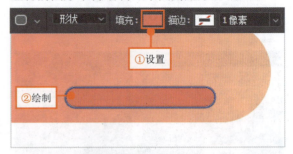

步骤 04：选择"直线工具"，①在选项栏中将填充色设置为 R:248、G:137、B:103，②"粗细"为 2 像素，③按下 Shift 键单击并拖动，绘制直线。

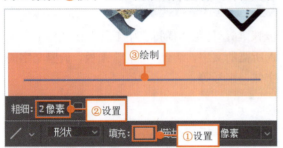

步骤 05：打开"字符"面板，①设置字体和字号等属性，根据设置的文字属性，②使用"横排文字工具"在图形上方输入所需文字。

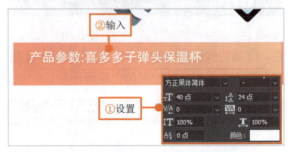

步骤 06：执行"图层>图层样式>投影"菜单命令，打开"图层样式"对话框，①设置"混合模式"为"颜色加深"，②"不透明度"为 20%，③"距离"为 3 像素，④"大小"为 3 像素。

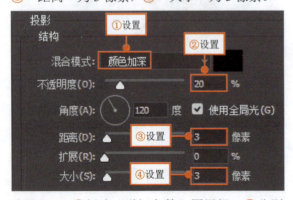

步骤 07：单击"确定"按钮，为文字添加"投影"样式，使用相同的方法，在标题栏位置输入更多的文字，并为文字添加投影效果。

步骤 08：①新建"详细参数"图层组，②分别设置填充色为 R:247、G:247、B:247，R:126、G:208、B:222，使用"矩形工具"绘制出一个灰色和蓝色的矩形。

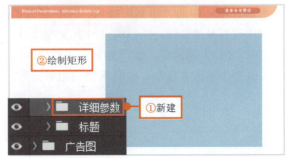

步骤 09：①复制 13 图层，创建"13 拷贝 4"图层，将图层移到上一步绘制的矩形上方，按下 Ctrl+T 组合键，将保温杯图像缩小至合适的大小。

步骤 10：选择"直线工具"，①设置"粗细"为 3 像素，②单击"路径操作"按钮，在展开的列表中单击"合并选项"，③在杯子旁绘制直线。

步骤 11：打开"字符"面板，①对文字和属性进行设置，②使用"文字工具"在线条中间输入保温杯的高度和宽度信息。

步骤 12：结合"横排文字工具"和"字符"面板在右侧蓝色的矩形上方输入更详细的商品信息。

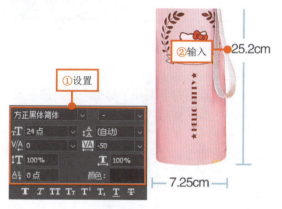

步骤 13：①选择"矩形工具"，设置填充色为 R:255、G:121、B:152，②在画面中绘制矩形图形，③按下 Ctrl+J 组合键，复制图形，创建"矩形 10 拷贝"图层，④将其移动到右侧相应的位置。

步骤 14：创建"粉色"图层组，使用"矩形工具"绘制一个浅灰色的矩形作为背景，复制 13 图层中的保温杯图像，创建"13 拷贝 5"图层，将图像缩小至合适的大小。

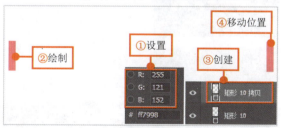
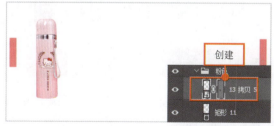

步骤 15：①按下 Ctrl+J 组合键，复制"粉色"图层组，创建"粉色 拷贝"图层组，②将复制的图层组名称更改为"蓝色"，③将蓝色图层组中的图像向右移动。

步骤 16：①按下 Ctrl 键并单击"13 拷贝 5"图层，载入保温杯选区，新建"颜色填充 2"调整图层，②设置填充色为 R:126、G:208、B:222，③设置混合模式为"色相"，更改保温杯颜色。

步骤 17：参考前面调整保温杯颜色的方法，复制出更多的保温杯图像，并根据商品颜色进行调整，使用"横排文字工具"在杯子下方输入对应的文字。

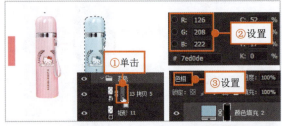

步骤 18：分别盖印不同颜色图层组中的保温杯图像，并对图层进行重命名，然后将调整颜色后的保温杯图像复制到橱窗照右侧的"颜色分类"区。

15.2.4 制作宝贝细节展示区

在商品详情页面中，通过商品的细节进行展示，能够让客服更加全面地了解这个商品的主要功能、使用方法等。下面通过使用"椭圆工具"绘制圆形，然后将商品的细节加入对图形中，通过添加简单的文字说明进行保温杯的卖点展示。

步骤 01：新建"卖点"图层组，复制前面制作好的标题栏，移到此图层组中，根据内容调整标题栏中的文字。

步骤 02：使用"矩形工具"，①单击选项栏中的"填充"按钮，在展开的面板中设置选项，②在标题栏下方绘制一个矩形。

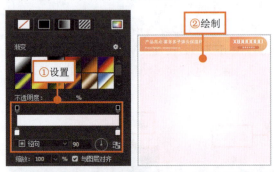

步骤 03：复制保温杯图像，将其移到矩形中间位置，选择"椭圆工具"，①设置"填充"为无颜色，②"描边"颜色为白色，③描边粗细为 4 像素，④描边类型为虚线，⑤在画面中绘制圆形。

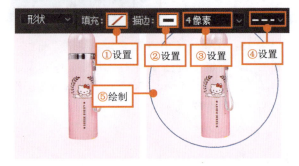

步骤 04：①创建"杯盖"图层组，选择"椭圆工具"，②将"填充"颜色设置为白色，③"描边"颜色为无，④使用"椭圆工具"绘制圆形。

步骤 05：双击形状图层，打开"图层样式"对话框，①设置描边"大小"为 5 像素，②颜色为白色，单击"确定"按钮，应用"描边"样式。

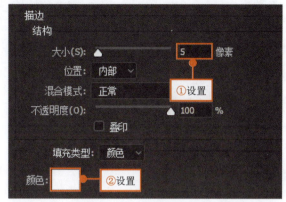

步骤 06：将随书资源\15\素材\17.jpg 素材图像导入到绘制的圆形上方，按下 Ctrl+Alt+G 组合键，创建剪贴蒙版，隐藏图像。

步骤 07：①按下 Ctrl+J 组合键，复制图层，创建"17 拷贝"图层，②设置图层混合模式为"滤色"，提亮图像。

步骤 08：使用"横排文字工具"在图像下方输入商品对应的卖点信息，使用"直线工具"在文字中间绘制一条直线。

步骤 09：参考前面制作商品卖点的方法，在画面中添加另外的三组商品卖点信息，在图像窗口中查看编辑后的效果。

15.2.5 制作店铺服务区

为了提高售后的服务质量,在店铺底部进行服务区的设计,使用"横排文字工具"输入"3年质保""15天无理由退换"等文本,打消用户的售后顾虑,从而刺激用户产生购买商品的欲望。

步骤 01:①新建"售后服务"图层组,复制前面制作好的标题栏,移动到此图层组中,根据内容调整标题栏中的文字。

步骤 02:选择"矩形工具",①在选项栏中设置填充色为 R:255、G:235、B:247,②使用"矩形工具"绘制矩形。

步骤 03:双击图层,打开"图层样式"对话框,①在对话框中设置混合模式为"叠加",②在"图案"拾色器中选择要应用的图案,③输入"不透明度"为27%。

步骤 04:设置完成后单击"确定"按钮,应用"图案叠加"样式,在图像窗口中可以看到添加样式后的图形效果。

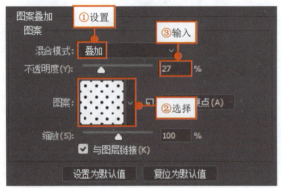

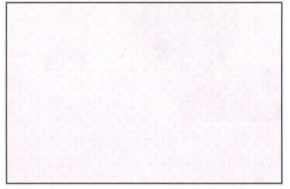

步骤 05:选择"圆角工具",①在选项栏中将填充色设置为 R:255、G:121、B:152,②"半径"为50像素,③在画面中绘制圆角矩形。

步骤 06:①连续按下 Ctrl+J 组合键,复制多个圆角矩形,②使用"移动工具"把图形分别移动到不同的位置上。

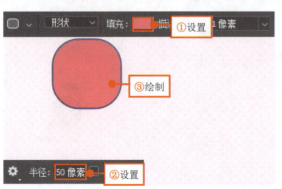

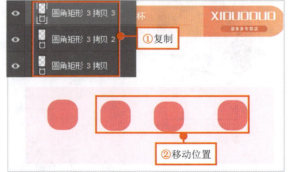

步骤 07：①使用"移动工具"同时选中多个圆角矩形，②单击选项栏中的"顶对齐"按钮，③单击"水平分布"按钮，调整图形对齐方式和分布方式。

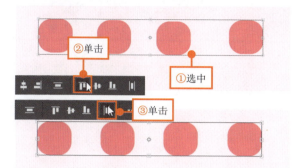

步骤 08：选择"圆角矩形工具"，①在选项栏中设置"填充"为无颜色，②描边颜色为白色，③描边粗细为 2 像素，④在第一个粉色图形中间再绘制一个圆角矩形。

步骤 09：①连续按下 Ctrl+J 组合键，复制出多个圆角矩形，②使用"移动工具"把图形分别移动到不同的位置上。

步骤 10：参考前面的对齐图形的方法，调整图形的对齐方式，得到更工整的图形排列效果。

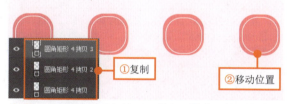

步骤 11：打开"字符"面板，①在面板中设置文字的字体、字号等属性，②使用"横排文字工具"在图形中间输入文字。

步骤 12：结合"横排文字工具"和"字符"面板在画面中输入更多文字，使用"移动工具"选中文字。

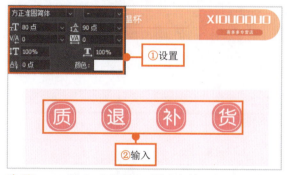

步骤 13：单击"段落"面板中的"居中对齐文本"按钮，更改文字对齐方式，然后将文字移到所需位置，完成本实例的制作。

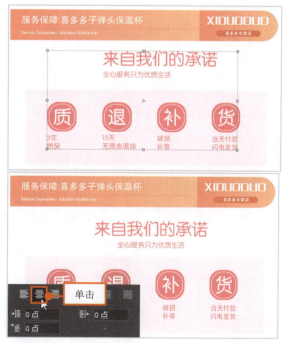